El mundo no es como crees

I0109563

El Orden Mundial

El mundo no es como crees

*Cómo nuestro mundo y nuestra vida
están plagados de falsas creencias*

Ariel

Obra editada en colaboración con Editorial Planeta – España

© 2020, El Orden Mundial en el Siglo XXI
Textos: Fernando Arancón

Adaptación de la portada: Booket / Área Editorial Grupo Planeta a partir de la idea
original de © Marc Cubillas

© 2020, Editorial Planeta, S. A. – Barcelona, España

Derechos reservados

© 2024, Ediciones Culturales Paidós, S.A. de C.V.
Bajo el sello editorial PAIDÓS M.R.
Avenida Presidente Masarik núm. 111,
Piso 2, Polanco V Sección, Miguel Hidalgo
C.P. 11560, Ciudad de México
www.planetadelibros.com.mx
www.paidos.com.mx

Primera edición impresa en España en Colección Booket: noviembre de 2022
ISBN: 978-84-08-26505-4

Primera edición impresa en México en Booket: noviembre de 2024
ISBN: 978-607-569-852-6

Impreso en los talleres de Impregráfica Digital, S.A. de C.V.
Av. Coyoacán 100-D, Valle Norte, Benito Juárez
Ciudad de México, C.P. 03103
Impreso en México – Printed in Mexico

El Orden Mundial

Biografía

El Orden Mundial es un medio de análisis internacional divulgativo e independiente. Actualmente es la revista de asuntos internacionales y geopolítica más leída en español, y su equipo colabora con otros medios como Onda Cero, Radio Nacional de España o La Sexta.

A quienes siempre creyeron en nosotros

Índice

Introducción

Desde hace varios años viaja por distintas galerías de arte del mundo una escultura bastante llamativa. Lleva por nombre *Squaring the Circle* (algo así como «La cuadratura del círculo», en inglés) y consiste en un armazón de metal que, visto desde una perspectiva frontal, tiene la forma de un cuadrado, pero si caminamos hacia el punto que ofrece la perspectiva del lado opuesto, lo que vemos es un círculo. ¿Cuál es la forma correcta? Las dos, probablemente. O ninguna, quién sabe. El objeto siempre tiene la misma forma, lo único que cambia es el modo en que nuestro cerebro interpreta lo que está viendo y nos informa de que eso es un cuadrado o un círculo.

Esto nos enseña importantes lecciones. La primera es que nos engañamos a nosotros mismos, pero también que las cosas no son lo que parecen a simple vista aunque realmente sigan siendo los mismos objetos. Las frases anteriores podrían parecer una oda a la subjetividad y la relativización, pero la verdad es que no. Es más una señal de alerta sobre lo que tenemos alrededor, nosotros incluidos, y que debemos concienciarnos de ciertas cosas. La realidad de nuestro entorno es interpretable; es más, tiene que ser así para poder entenderla y actuar en consecuencia. Sin embargo, esto no quiere decir que se pueda extender hasta el infinito afirmando que absolutamente cualquier cuestión, suceso o hecho es subjetivo y tiene mil perspectivas distintas desde las que pueden ser observados, en una especie de debate eterno sin una conclusión posible. Más bien, al revés. Existen realidades palmarias que no conceden interpretaciones: la luz viaja a 300.000 kilómetros por segundo; si sueltas un objeto desde cierta altura, caerá al suelo, y las vacunas no provocan autismo al tiempo que salvan un número incontable de vidas en el proceso. Habrá cuestiones debatibles, cosas que hoy no conocemos pero sí en un futuro. Eso son hechos científicos probados, y a ellos les debemos una parte sustancial del desarrollo que hemos alcanzado en buena parte del planeta.

Y, a pesar de todo, seguimos creyendo en hechos erróneos. Durante buena parte de los años noventa se creía a pies juntillas que lo que entonces era un incipiente invento llamado internet acabaría con la falta de conocimiento en el mundo. Si existía una herramienta donde se podía volcar toda la sapiencia humana y ponerla al servicio de cualquier persona con acceso a esa red, el resultado parecía evidente. El desconocimiento, la ignorancia y las mentiras tenían los días contados. Hoy, sin embargo, ese futuro maravilloso no solo no ha llegado, sino que parece más lejano que nunca. En cierta medida, tal vez nos hemos dado cuenta de que aquel ideal tan alcanzable era poco menos que una utopía. Cuando se están cumpliendo tres décadas desde el lanzamiento de la World Wide Web, aunque nos haya facilitado oportunidades infinitas, al mismo tiempo parece haberse convertido en uno de nuestros peores enemigos.

Por tanto, más allá de la evidencia de que no hemos alcanzado el lugar al que pensábamos llegar, cabe intentar entender por qué esto no ha ocurrido. Si los pronósticos tecno-optimistas se hubiesen cumplido, las primeras víctimas en el bando de la ignorancia habrían sido esos mitos que se llevan perpetuando durante tanto tiempo en las mentes y las conversaciones de todos nosotros. Si la física, la medicina, la historia o la sociología ya han llegado a amplios acuerdos sobre determinadas cuestiones, ¿por qué algunos mitos aún subsisten en la calle? Es la pregunta que revolotea de forma constante en este libro.

No se trata de que alguien (o algo) sea *culpable* de esta realidad. Si pusiésemos en fila a diez o doce personas y les transmitiésemos un mensaje claro y conciso a la primera de ellas, con la orden de que lo trasladase por toda la hilera, el mensaje que recogeríamos al final sería bastante diferente al del punto de partida. Pensemos en el nivel de deformación que podría alcanzar este experimento si lo trasladásemos a ciudades enteras a lo largo de décadas o siglos con información imprecisa. Así acaban naciendo las habladurías, los mitos, los bulos y las mentiras.

Algunos son muy elaborados y pueden venir simplemente de un error sin intención, de una interpretación incorrecta o de algo que en su momento era verosímil pero que acabó demostrándose que era incorrecto. Sobreviven al tiempo y llegan hasta nosotros. No hay nada malo en creer que algo es cierto cuando en realidad es falso; en cierto modo, es algo normal y natural. El problema viene cuando estas creencias se extienden de tal manera que deforman la realidad o, peor aún, cuando se rechazan las explicaciones correctas para así continuar en el confort de la mentira conocida.

La gran paradoja es que estamos diseñados así. Nuestro cerebro necesita píldoras de realidad, que esta sea sintetizada al extremo para poder asimilar el torrente de información, datos y hechos que, sin ese ejercicio de compactación, nos dejaría aturdidos. Pero a veces esta síntesis no sigue los mejores principios y al final se acaba quedando con los elementos que buenamente puede recoger, entre los que se incluyen los prejuicios, las ideas preconcebidas y la propia ignorancia. La cuestión es que, a su vez, el cerebro se protege de sí mismo; evita por todos los medios que una información discordante nos genere un cortocircuito que deje fundido todo el sistema. ¿Qué ocurre cuando se nos presenta un hecho que contradice a nuestro particular cubito de la realidad? Esto se llama disonancia cognitiva, y nuestra mente la rechaza. Si la aceptase, los esquemas mentales que hemos interiorizado recibirían una inclemente tanda de golpes que nos dejaría absolutamente desubicados. No obstante, el cerebro es consciente de que no podemos andar por ahí cuestionándonos todo lo que creíamos saber. Debemos protegernos de nosotros mismos. Toda esa batería de herramientas que utilizamos para atrincherarnos en nuestra propia mente son los sesgos. Y no es fácil, por no decir imposible, desprenderse de ellos.

Ahora pensemos en cómo se combinan la época con la mayor cantidad de información disponible de toda condición, y con una enorme facilidad para verter contenidos a ese sistema de información y conocimiento (desde redes sociales hasta blogs, podcasts, etc.), con un esquema mental que permanece prácticamente inalterable desde que el mundo es mundo. El sueño del conocimiento se torna en pesadilla.

No cabe engañarse: nuestro mundo y nuestra vida están plagados de falsas creencias. No es una enmienda a la totalidad de lo que hemos aprendido; tampoco una invitación a la duda permanente y la desconfianza. Se trata más bien de un intento de voladura controlada de aquellos hechos, datos o prejuicios que están asentados en muchas mentes y que son incorrectos por razones muy distintas. Algunos simplemente los aprendimos mal en el colegio; otros han ido saltando en el imaginario popular sin que nadie los desmintiese o les prestase atención siquiera, y otros son ideas plantadas con premeditación para modificar el debate público sobre asuntos muy diversos. De hecho, lo primero que debemos reconocer es nuestra propia fragilidad a la hora de consumir información e incorporar conocimiento, pues somos seres extremadamente manipulables. Si te decimos que no pienses en un elefante, ahora mismo es probable que estés pensando en un elefante. Si hemos conseguido ese efecto de una forma tan sencilla, imagina lo que se puede lograr con más recursos y técnicas algo más perfeccionadas.

Por desgracia, incorporar un conocimiento de calidad no es fácil ni barato (y no nos referimos a una cuestión monetaria, sino más bien de tiempo). Sentimos decir que ver de vez en cuando las noticias, leer dos titulares de prensa y algún que otro tuit no es la mejor manera de tener una opinión formada. Es rápido, de eso no cabe duda, pero el resultado es claramente mejorable. Sin embargo, preguntemos a profesionales cualificados en su campo cuántos años de estudio y dedicación les ha llevado ser expertos en lo suyo. No serán pocos. El pacto que solía existir en la sociedad era que quienes no podían informarse o conocer demasiado en profundidad cualquier asunto, dejaban en manos de intermediarios ese poder. Y esto no se circunscribe solo a los periodistas. Los médicos hacen de intermediarios entre los conocimientos de medicina y la dolencia del paciente; los arquitectos utilizan lo que han aprendido para proveernos de un hogar, y así ocurre en multitud de profesiones; hasta los políticos, que gestionan el día a día con mejor o peor acierto para que el rumbo de nuestras sociedades se oriente en un sentido u otro.

Sin embargo, la legitimidad en esa intermediación parece estar agrietándose. El movimiento antivacunas o distintos gurús homeópatas han conseguido erosionar el papel de los médicos como prescriptores únicos de determinados remedios; los discursos populistas han reducido el debate público a unos pocos lugares comunes donde a menudo no cabe ningún tipo de reflexión o contraste, simplemente el posicionamiento en un bando u otro; los *hechos alternativos* han sustituido a la veracidad y la verosimilitud, y así un largo etcétera donde dudar sin mucho criterio parece la mejor idea.

Lo *único* que pretende este libro es hacer algo de mella en ese gigantesco muro que se ha erigido en torno a nuestras mentes. El de Berlín empezó a caer cincel en mano, así que de alguna manera habrá que empezar. Quizá sorprenda o quizá indigne; para eso se ha escrito, precisamente. Pero también es una invitación a la duda, que no a la desconfianza. Dudar es necesario, pero también requiere ser constructivo. Desconfiar tiende a invalidar un dato, o incluso una opinión, por el simple hecho de existir. La desecha por lo que es, sin más. La duda pone en cuarentena y luego busca o valora qué otros hechos o datos podrían ser los verdaderos. La información está ahí, los expertos cada vez son más numerosos y están mejor formados, y las bases de datos se nutren mejor y son más accesibles. Si descartas cuestiones sin aportar algo más, ¿por qué habría que tomar en consideración tus opiniones en vez de enviarlas directamente a la papelera?

Las decenas de ejemplos que siguen en este libro son un cuidado desmontaje de mitos y tótems que han proliferado en nuestra mente, para luego volver a montarlos con las piezas adecuadas. Podríamos decir que todo lo que crees es mentira, pero sería faltar a la verdad; podríamos decir que muchos poderes o medios te mienten constantemente, pero tampoco sería cierto; incluso podríamos haber construido un sesudo tratado sobre la mentira, pero sería poco práctico porque nadie lo leería, y con razón. En cambio, hemos preferido decir simplemente lo que es y lo que no es, con datos, argumentos, lógica y hechos. El resto, como aquella cuadratura del círculo, es cosa tuya.

Economía
La economía no funciona como crees

El mundo económico probablemente sea uno de los menos explicados y, a la vez, uno de los más necesarios de entender. Todo a nuestro alrededor funciona —mejor o peor— gracias a la economía. Es complejo, no cabe duda, sobre todo por la mezcla entre factores sociales y tecnicismos apoyados en datos y extrañas fórmulas. Nadie dijo que entender del asunto fuese sencillo.

Sin embargo, a medio camino entre el desconocimiento y la sapiencia absoluta han surgido extrañas creencias, a menudo fundamentadas en imágenes algo caricaturizadas del asunto económico relacionadas con «máquinas» de hacer dinero o robots que nos enviarán directos al paro. Pues no. Conviene desterrar algunos de los mitos más arraigados.

LA HUELGA A LA JAPONESA NO EXISTE

Oriente ha sido desde hace siglos un lugar recurrente de fantasías y leyendas para las mentes occidentales. Las enormes distancias entre Europa y lugares como las actuales China o Japón hacía que muy pocos visitantes pudiesen dar testimonio de cómo era aquel Extremo Oriente. Esos relatos venían además cargados de adornos fantasiosos, cuando no, directamente, de mitos inventados.

Podemos llegar a pensar que, aunque esto fuese propio de la Edad Media, en pleno siglo XXI hemos desterrado todos los mitos que pesan sobre Asia oriental. Sin embargo, no es así. Existe uno que permanece arraigado desde hace décadas y que no tiene nada de cierto: hablamos de la huelga a la japonesa.

Aunque no se conoce con exactitud cuándo surge esta creencia ni cuál es el motivo, lo cierto es que se encuentra ampliamente extendida en países como España y distintos Estados latinoamericanos. La idea de fondo de este mito es que en Japón se desarrolla un tipo de huelga específico por el cual, en vez de trabajar menos horas o directamente de no trabajar, ¡se trabaja más! Si en las huelgas «tradicionales» la finalidad es detener la producción durante más o menos tiempo para ocasionar pérdidas a la empresa y que esta acabe aceptando las demandas de los trabajadores, en Japón se consigue de otra forma. Según este mito, allí, en vez de parar la producción, se aumenta el ritmo de trabajo, lo que genera a la empresa un serio problema —y cuantiosas pérdidas— al no poder gestionar de forma adecuada el exceso de producto y tampoco su almacenaje.

El origen más probable de esta creencia se remonta al Japón de la Segunda Guerra Mundial y la conocida empresa Toyota, que ya entonces se dedicaba a fabricar vehículos. En aquellos años, la compañía no pasaba por su mejor momento económico, y por eso buscó la forma de mejorar su productividad. Sin quererlo, habían inventado el sistema *just in time* o *toyotismo*, que a partir de los años setenta reemplazaría al *fordismo* (producción en serie) como modelo industrial de referencia. La mejora en la productividad fue notable, lo que llevó a una sobreproducción en las fábricas de Toyota y a un incremento de los gastos del *stock* (es decir, lo producido pero que todavía no se ha vendido). Sin embargo, tras el final de la guerra Japón entró en una crisis económica importante, lo que impidió a Toyota vender aquel exceso de producción. Para hacer frente a esta situación, la compañía decidió despedir a una parte importante de la plantilla, y los trabajadores respondieron yendo a la huelga. Pero no «a la japonesa».

Este tipo de huelgas no existen, y lo demuestra el hecho de que ni siquiera constan registros de algún caso aislado que buscase romper con la norma en cuanto a luchas laborales en el país asiático. Y eso que durante los años setenta hubo miles de huelgas en distintos sectores de la economía nipona, especialmente la industria, y todas ellas acontecieron a la manera tradicional, con paros más o menos prolongados.

La paradoja es que, al menos en España, de tanto mencionar el mito de la huelga a la japonesa, se han llegado a producir. En 1982, distintos empleados de la Empresa Nacional Siderúrgica (ENSIDESA) llevaron a cabo una huelga a la japonesa, al igual que los farmacéuticos tres años después. Huelga decir que estas acciones no tuvieron un gran impacto en el panorama laboral.

Esta falsa creencia se cimienta, sobre todo, en la percepción tan extendida —y bastante fundamentada— de que en países como Japón, China o Corea del Sur existe una cultura del trabajo absolutamente desmedida según la cual los empleados se desviven por sus tareas hasta extremos en que su salud corre peligro. Tal es así que en japonés existe un concepto, *karōshi,* que significa algo así como «muerte por exceso de trabajo». Este fenómeno ocurre desde hace décadas: cientos de trabajadores mueren cada año en su puesto laboral debido a niveles extremos de estrés combinados con sedentarismo, lo que desemboca en infartos en personas jóvenes, apoplejías y diabetes, entre otras enfermedades. Hasta tal punto es grave el problema, que el Gobierno japonés se ha visto obligado a tomar medidas frente a jornadas laborales extenuantes de doce o catorce horas diarias.

Lo que no se conoce es por qué este mito ha arraigado tanto en países como España. Podría pensarse que era un intento de contrarrestar otro mito ampliamente extendido, el cliché del español zángano y poco productivo. En una época de importante conflictividad laboral en España (en plena reconversión industrial), tendría como objetivo que calase la idea de hacer huelga trabajando más. Pero echar más horas en la oficina, ya lo sabemos, no hará que tu empresa colapse.

LA MÁQUINA DEL DINERO NO EXISTE

Durante siglos la alquimia tuvo un objetivo por encima de los demás: encontrar la piedra filosofal, una sustancia que podía convertir en oro cualquier metal conocido en la época. Sería una fuente de riqueza inagotable para quien la tuviese, pero nadie la encontró nunca porque no existía. O, al menos, no en la forma en que pensaban los protocientíficos de entonces. Porque sí hubo quienes encontraron una forma de replicar oro —o riqueza— de forma casi infinita: los banqueros. El truco no tenía nada que ver con la alquimia, sino con las matemáticas.

Como sabemos, durante mucho tiempo el negocio de los bancos era guardar el dinero de la gente —lo que conocemos como depósitos— a cambio de una rentabilidad y de que los clientes puedan disponer de ese dinero con facilidad. Con esos depósitos, los bancos dan préstamos a personas o empresas a cambio de que estas los devuelvan con un interés. Por tanto, su negocio está en ser un mero intermediario, no en crear nada. O sí.

Pongamos por caso que una persona con cien monedas deja la mitad de su fortuna —cincuenta— en el banco. La entidad toma nota de que esa persona ha depositado ahí cincuenta monedas, y es consciente de que puede necesitarlas en algún momento. Hasta ahora, en ese sistema solo hay cien monedas: las cincuenta que aún tiene la persona y las otras cincuenta que están en el banco. Pero hay que hacer negocio, así que el banco decide prestar la mitad de lo que guarda —veinticinco monedas— a otra persona, que las deberá devolver con intereses. Pero el banco no se las quita a quien había puesto el depósito, sino que dejan de existir como objeto físico y pasan a ser simplemente un número anotado. Tras el préstamo, en el sistema habrá las cincuenta monedas del depositante, las cincuenta monedas depositadas en el banco —aunque la mitad ya no estén físicamente allí guardadas— y las veinticinco que el banco le ha prestado al nuevo cliente. En total, ciento veinticinco. Sí, se ha creado dinero de la nada. Si este ejemplo lo multiplicamos por los millones de personas que hoy tienen depósitos bancarios y piden préstamos, tenemos un resultado bastante aproximado de nuestro sistema bancario actual.

Por cosas como esta, el préstamo de dinero —con interés— y el negocio bancario estuvo durante mucho tiempo condenado por la Iglesia. No se concebía que el dinero «trabajase mientras duermes», ya que no había ningún esfuerzo detrás, simplemente un rédito fundamentado en las matemáticas. Este es uno de los motivos por los que los cristianos participaron poco de la banca en la época medieval y moderna, quedando el negocio en manos de familias judías, que sí podían llevarlo a cabo, al contrario que otros trabajos manuales.

En tiempos más actuales, otra imagen de creación «mágica» de dinero se ha apoderado de nuestras mentes: una imprenta gigantesca sacando sábanas y sábanas de billetes. La máquina de hacer dinero como realidad. Pero lo cierto es que esta asociación entre objeto e idea no existe. Cuando vemos estas planchas apiladas en grandes tacos que pueden sumar decenas o cientos de miles de euros o dólares, su destino no es sumarse a la circulación con total normalidad, sino reponer billetes o monedas que han quedado deteriorados y que tienen ya una validez dudosa de curso legal (pensemos en los billetes decolorados, medio rotos o pintados). Porque la cantidad de efectivo que hay dentro del sistema está estrechamente controlada, como también la ratio entre el dinero en efectivo y el dinero «virtual» (es decir, el que depositamos en el banco y luego se lo prestan a otros), para saber cuánto respaldo tiene el sistema bancario. Lo habitual es que haya entre un 10 y un 15 % en efectivo del total que está transitando por ahí. Precisamente por eso, cuando ocurre un pánico bancario, en el que la gente acude repentinamente y en masa a retirar sus ahorros del banco, nunca hay efectivo para todos, lo que origina lo que en Argentina bautizaron como «corralito».

Si lo pensamos, muchas actividades económicas actuales manejan poco o ningún efectivo. Esto solo ocurre en la venta final de cara al público (a veces ni eso, si pagamos con tarjeta). El resto son transacciones, sumas y restas en distintas cuentas bancarias. Pero nadie duda de que esas compraventas no sean tan válidas como las que hacemos en cualquier supermercado o en un bar pagando con monedas o billetes. De hecho, grandes operaciones milmillonarias se han llevado a cabo de esta forma.

Dado que los bancos centrales de los Estados tienen la potestad de crear dinero, estos lo pueden hacer de forma prácticamente infinita (aunque no es deseable por el riesgo de crear hiperinflación). Para ello simplemente hay que registrar de manera contable como que ese dinero existe. Así, los rescates que el Banco Central Europeo llevó a cabo durante la última gran crisis a distintos países del Viejo Continente se realizaron sin una sola moneda de por medio. Primero se crearon decenas de miles de millones de euros y, a continuación, se transfirieron. Solo eran números, pero unos números que salvaron del colapso total a países como Grecia, Portugal, Chipre, España o Irlanda.

Para entender esto hay que tener en cuenta que hoy en día, y al contrario de lo que ocurría hace siglos, nuestro sistema económico —especialmente en la parte de los pagos— se fundamenta en la confianza. Los billetes que utilizamos son un simple papel cuyo valor real es nulo; el valor que tiene es el que comprador y vendedor le otorgan como símbolo, un instrumento legítimo y aceptado como forma de pago. Y esto también es aplicable a las transferencias: aunque no haya nada físico que lo evidencie, sabemos que ese dinero que ha llegado a nuestra cuenta existe porque confiamos en que todos los participantes en esa operación —quien envía el dinero, el propio banco e incluso el Estado— hacen posible la existencia de ese dinero. En definitiva, es una cuestión de fe.

El Nobel de Economía no existe

¿Cómo crees que serás recordado? ¿Por tus descendientes, tus amigos… o por la propia historia? Desde un punto de vista eminentemente práctico, no es algo que te debiera preocupar demasiado, ya que no vas a estar ahí para comprobarlo. El problema será de otros. Aunque, como es lógico, al enfrentar el final de tu vida ya podrás ir intuyendo cómo va a pintar el asunto.

No obstante, sí hubo una persona que consiguió esquivar esa imposibilidad de comprobar su muerte en vida: Alfred Nobel. El sueco que tiempo después daría nombre a uno de los premios más famosos del mundo nació en 1833 en una familia de ingenieros, y desde muy pequeño estuvo estrechamente ligado a la química y la fabricación de armamento. Su trayectoria profesional le llevó durante buena parte del siglo xix a recorrer Europa investigando cómo mejorar la potencia y la capacidad de sus mortíferas invenciones. En esa época el mayor explosivo conocido era la nitroglicerina, que había inventado el químico italiano Ascanio Sobrero en 1847. Sin embargo, la gran contrapartida de aquella sustancia era su enorme inestabilidad: bastaba un leve vaivén del líquido a temperatura ambiente para que todo saltase por los aires. A pesar de su gran poder destructivo, el uso de este compuesto carecía de sentido si la química no era capaz de domarlo. Muchos científicos e ingenieros de la época trataron de encontrar una solución para hacer más estable este trinitrato de glicerilo, y los resultados fueron claramente infructuosos: buena parte de quienes lo intentaron resultaron heridos o incluso murieron en distintas explosiones por todo el continente. En el camino de la nitroglicerina también se topó Emil Nobel, el hermano pequeño de Alfred, que en 1864 murió en una explosión de esta sustancia en la fábrica de armamento que la familia tenía en las afueras de Estocolmo.

Es probable que la muerte de su hermano, junto con la de otros trabajadores de la fábrica, llevase a Alfred a intentar poner solución por sí mismo a la cuestión de la nitroglicerina. Él había conocido a Sobrero en París unos años antes, y este se avergonzaba profundamente de su creación. Nobel no lo sabía, pero no acabaría diferenciándose demasiado del italiano. En 1866 inventó (y, al año siguiente, patentó) la dinamita, resolviendo así el problema de la inestabilidad del explosivo. Un material absorbente, como el serrín o la diatomita, quedaba empapado por la nitroglicerina, haciendo mucho más estable el compuesto y evitando que estallase de manera fortuita. Los cartuchos de esta dinamita podían accionarse a distancia mediante una mecha prendida o con un impulso eléctrico proveniente de un detonador. Nobel había dado un paso de gigante en el mundo de los explosivos.

Aunque los Nobel siempre se habían destacado por la fabricación de armamento, al principio Alfred le veía una aplicación a la dinamita principalmente industrial. Sus posibilidades en la minería, las prospecciones del incipiente petróleo o la construcción de infraestructuras a través de montañas eran enormes, y sin duda este nuevo explosivo se convirtió rápidamente en un aliado de los ingenieros. Pero como era de esperar, hubo quien le vio también grandes aprovechamientos en el campo de la destrucción. Si esta dinamita se podía introducir en proyectiles y lanzarlos contra el enemigo, el alto poder destructivo superaría con creces a las balas de artillería conocidas hasta el momento. Y así fue. Igual que supuso una revolución en la voladura de montañas, también provocó otra similar en bombardear al prójimo. No es que a Nobel esta situación le preocupase especialmente, ya que a pesar de que siempre tuvo inclinaciones pacifistas, nunca presentó demasiados reparos en inventar, fabricar y vender armas y cualquier otro elemento que facilitase dañar a otros seres humanos. Pero en ese camino tuvo también su particular revelación.

En 1888, cuando Alfred contaba con cincuenta y cinco años y residía en París, su hermano mayor Ludvig falleció en Cannes, en la Costa Azul francesa. No sabemos qué pasó en la prensa local de la época, pero en *L'Idiotie Quotidienne* (algo así como «El Diario Sinsentido») no fueron capaces de diferenciar al hermano finado del inventor, y quizá las prisas o el deseo de ver muerto al creador de la dinamita llevaron a publicar la necrológica de Ludvig como si fuese la de Alfred. No fueron clementes en ella: «El mercader de la muerte ha fallecido. El doctor Alfred Nobel, quien se enriqueció al encontrar maneras de matar a más gente de forma más rápida que cualquier otra persona con anterioridad, murió ayer». Podemos suponer que Nobel esperaba otro tipo de recuerdo por parte de la humanidad para cuando faltase, pero este anticipo le hizo intuir que su camino le llevaba más hacia el episodio de confusión con su hermano que hacia el legado que él pretendía dejar en la memoria y la historia. Por lo tanto, se hacía necesario cambiar.

Esta historia es el mito fundacional de los Nobel. Son múltiples las referencias a ella en un gran número de artículos. Como relato es redondo, casi épico. Pero nunca se ha podido demostrar, por lo que es bastante dudoso que de verdad ocurriese. La organización del Nobel nunca ha reivindicado esta historia como oficial, y las investigaciones no han conseguido revelar la existencia de tal diario más allá de la anécdota relacionada con los hermanos Nobel. Si ese medio hubiese tenido cierto recorrido, existirían otros registros de noticias publicadas por él; tampoco su satírico nombre inspira demasiada confianza, y hasta existen importantes incongruencias entre la muerte de Ludwig y la supuesta publicación de la necrológica.

Esto no quiere decir que Alfred Nobel no llegase a leer alguna esquela ambigua sobre la muerte de su hermano, o que, dado que ambos tenían una actividad laboral similar, intuyese que los textos que narrarían su muerte serían igual o peores que los que había leído.

Más allá del supuesto mito del «mercader de la muerte», Nobel buscó la manera de mejorar su imagen y, a su vez, de dejarle un legado al planeta que fuese algo más positivo que la dinamita. Enmendar su propia obra. Así, en 1895 escribió su testamento, en el cual dejaba en herencia la práctica totalidad de su fortuna (unos 250 millones de dólares de la época) a crear unos galardones que premiasen «a aquellos que, durante el año anterior, hubiesen generado los mayores beneficios al ser humano». Esos años de finales del siglo XIX eran de enorme revolución científica: las nuevas invenciones y descubrimientos se sucedían cada poco, y el mundo parecía estar experimentando un salto de conocimiento sin precedentes. Es por ello que Nobel orientó sus premios hacia cinco categorías: la física, la química y la medicina en el campo de las ciencias como forma de premiar los grandes avances de cada año; la literatura dentro de las artes (Nobel le tenía un gran apego), y la paz como gran fin que debía alcanzar la humanidad, además de intentar remediar su enorme promoción empresarial de la guerra.

Como habrás podido comprobar, Nobel no hizo ninguna mención en su testamento o en cualquier otro momento a la economía. En las fechas en las que el creador de los premios dejó marcada su herencia, la economía era una disciplina poco investigada más allá de las tesis liberales que venían desarrollándose desde el siglo XVIII y el marxismo, que había surgido pocas décadas antes y cuya influencia estaba presionando más en el apartado politológico o sociológico y no tanto en el puramente económico. En cierta medida era un aspecto secundario para Nobel, un hombre con un carácter idealista y que veía en el progreso científico la vía más clara para el desarrollo del ser humano.

Esta herencia la dejó escrita al límite de su vida, ya que al año siguiente, en 1896, Nobel falleció. Se puso en marcha entonces la fundación que debía honrar su último gran deseo, y el siglo XX se estrenó con los nuevos premios en las cinco categorías señaladas. Para darle más empaque al asunto, cada uno de ellos sería entregado por distintas instituciones: el de Medicina, por el Instituto Karolinska; el de Física, Química y Literatura, por la Academia Sueca, y el de la Paz, por el Parlamento noruego. Durante casi siete décadas no hubo rastro del de Economía.

Sin embargo, en 1968 se fundó el llamado Nobel de Economía, cuyo nombre completo y correcto es Premio de Ciencias Económicas del Banco de Suecia en Memoria de Alfred Nobel. La excusa para este galardón era la celebración del tercer centenario de la fundación del Banco de Suecia, por lo que la institución intentó crear un premio a la altura de los Nobel, y qué mejor que hacerlo pasar por uno de ellos. No obstante, aunque de manera aparente es un Nobel más, en la práctica está financiado de manera independiente (por el mencionado banco central), lo otorga la Real Academia de las Ciencias de Suecia y se anuncia en las mismas fechas que el resto de los galardones. En ese sentido, participa de la marca de los premios suecos sin formar parte plenamente de ellos.

Aunque la labor de Nobel durante buena parte de su vida estuvo orientada a comprar y vender (armamento), la economía nunca entró en sus planes para la posteridad. En ellos se colaron más bien otros intereses posteriores que, casi de forma anual, generan una importante polémica. Quién sabe qué opinaría Alfred sobre su herencia más de un siglo después de ponerse en marcha.

Los robots no nos van a quitar el trabajo

A finales del siglo XIX, cuando caía la tarde, era relativamente habitual ver en muchas ciudades a unas personas prendiendo cada una de las farolas que alumbraban las calles. En los casos más avanzados, estas ya funcionaban con gas; las que no, todavía utilizaban distintos aceites como combustible. Lo que no cambiaba eran los encargados de ponerlas a funcionar. Sin embargo, poco antes del cambio de siglo, la electricidad comenzó a abrirse paso en las ciudades, incluyendo las farolas. Estas ya podían encenderse y apagarse a distancia simplemente accionando un interruptor, por lo que los faroleros se quedaron sin su principal labor. En muchas ciudades fueron reconvertidos en vigilantes urbanos nocturnos, y en otras simplemente desaparecieron. El descubrimiento de la corriente alterna se cobraba un oficio con varios siglos de antigüedad, y no fue el único de la época. Aquellos años, los de la segunda Revolución Industrial, trajeron numerosos inventos técnicos e industriales que dejaron obsoletos multitud de trabajos que hasta el momento se hacían de forma manual.

No era la primera vez que esto ocurría. Ya a finales del siglo XVIII, la invención de la máquina de vapor en el Reino Unido hizo posible la progresiva mecanización de la industria y el transporte. En las décadas siguientes cobró protagonismo un movimiento que se propuso destruir las distintas máquinas productivas habituales en la industria o el campo bajo el argumento de que aquellos artilugios le robaban el trabajo a los obreros y a los campesinos, privándoles del sustento. Uno de los primeros instigadores fue un británico llamado Ned Ludd —se desconoce si ese era realmente su nombre— y se bautizó al movimiento como «ludismo».

En tiempos recientes ha regresado el debate sobre el impacto que el desarrollo de la robótica y la inteligencia artificial tendrá en nuestras economías y en el panorama laboral. Existe una opinión relativamente extendida de que esta tecnologización —lo que otros círculos llaman «cuarta Revolución Industrial»— conllevará la pérdida masiva de empleos y un empobrecimiento generalizado de amplias capas de la población, que quedarán fuera del mercado laboral dado que muchos trabajos ya los hará una máquina, una aplicación o un programa informático. Este argumento, aunque correcto, es limitado si tenemos en cuenta la amplitud y el impacto general que tiene una revolución tecnológica de semejante envergadura. Porque aquí hay dos cuestiones que van de la mano: los robots (o la *automatización*, que sería un término más correcto) sí van a desplazar al ser humano de aquellos trabajos que tengan unas características muy concretas, pero no de la mayoría y mucho menos de la práctica totalidad de ellos; por el contrario, es muy probable que la automatización y el desarrollo de áreas como la inteligencia artificial creen a su vez nuevos empleos que hoy no existen, como ocurre, por otra parte, con cualquier avance tecnológico.

Tal como apuntan numerosos estudios, los empleos que verán desaparecer la mano de obra humana serán los repetitivos y de bajo valor añadido. El ejemplo más conocido es el de las cadenas de montaje. En los inicios, los operarios eran los que repetían el mismo proceso, de forma bastante monótona, una y otra vez. Con el tiempo, muchos fueron sustituidos por máquinas que, además, hacían el trabajo más rápido, y los antiguos operarios pasaron a ser supervisores de esas máquinas. Algo por el estilo ocurrirá previsiblemente en décadas venideras. Los conductores de vehículos serán desplazados conforme se desarrollen los vehículos autónomos, que además tienen menos accidentes que los humanos, y los dependientes de tiendas o supermercados desaparecerán en favor de aplicaciones o programas que agilicen el pago de los artículos.

El balance de este proceso se vaticina ampliamente positivo. Con la electrificación de las ciudades está claro que salieron perdiendo los faroleros, pero sin Tesla no hubiese concebido la corriente alterna, el amplio mundo laboral que directa o indirectamente ha creado la electricidad simplemente no existiría. Algo similar ocurrió con los conductores de coches de caballos. La invención del motor de combustión y del automóvil provocó que poco a poco fuesen desapareciendo, como también les ocurrió a los criadores de estos animales. Sin embargo, la cantidad de empleos distintos que ha generado el sector de la automoción o de la aeronáutica, antes inexistentes, es gigantesco. En este sentido, en cualquiera de estos procesos hay una regla clara: un nuevo invento, aplicable a muchos sectores distintos, genera más trabajos que antes no existían —porque tampoco había una herramienta para realizarlo— de los que destruye, que por lo general son de baja calidad.

Sea como fuere, es comprensible el recelo ante este tipo de cambios. Los faroleros sabían que su tiempo había terminado cuando la electricidad comenzó a alumbrar las calles, pero pocos se imaginaban el amplio mundo que se abriría para los electricistas. La certeza era la cara negativa, y lo incierto del cambio, la positiva. Ante esta situación es lógico que a ojos de mucha gente prevalezca «lo malo conocido». Hoy pasa lo mismo: sabemos que los dependientes, cajeros, ayudantes de cocina, limpiadores, conductores y distintos tipos de operarios se quedarán sin empleo a lo largo de los próximos años, pero desconocemos qué empleos vendrán para producir, gestionar y mantener las máquinas y automatizaciones que ocuparán sus puestos de trabajo. Aun así, hay que tener en cuenta que hoy en día ya está ocurriendo esta sustitución. Las economías industriales más potentes del planeta poseen elevados niveles de automatización: en Alemania o en Japón, por cada treinta trabajadores en la industria ya hay un robot instalado, y en Corea del Sur esta cifra asciende a un autómata por cada quince empleados.

Por otro lado, en nuestras sociedades ya se ha asumido el concepto robot, en buena medida gracias al cine (o por su culpa), lo cual es relevante. Al mencionar el término, se asocia a un aparato metálico de aspecto humanoide; por tanto, en nuestra mente es más fácil percibir como amenaza un ente parecido a los humanos que otro sin una apariencia definida. Los estereotipos también se pueden aplicar a las máquinas. Sin embargo, los robots no tienen ninguna apariencia similar a la que la ciencia ficción nos ha hecho creer. El brazo automatizado de una cadena de montaje, la aspiradora que funciona de manera autónoma en nuestros hogares o el piloto automático de un avión son, a su manera, autómatas: están programados para hacer tareas concretas que ejecutan sin cuestionarse absolutamente nada. Ni que decir tiene que ninguno se parece a un humano, y todos están evitando que una persona realice esa labor, pero es poco probable que alguien se atreva a cuestionar si es idóneo o no volar con piloto automático o a afirmar que prefiere barrer su casa de arriba abajo antes de que lo haga una máquina. Quizá a los faroleros del siglo XIX la electricidad les hizo un favor.

LOS COCHES ELÉCTRICOS TAMBIÉN TIENEN UN FUERTE IMPACTO AMBIENTAL

Durante todo el siglo XX proliferaron los dibujos en revistas sobre cómo sería el futuro. Vehículos voladores, artilugios mecánicos que se encargaban de tareas tediosas, energía nuclear como remedio para todo y cúpulas acristaladas para crear espacios a la carta son algunos de los elementos convertidos en norma en aquellas románticas predicciones, todo combinado con trajes de la primera mitad de la centuria o diseños propios de los cincuenta.

Si hoy nos preguntasen nuevamente por ese futuro, coincidiríamos con nuestros antecesores en algunas respuestas; otras irían encaminadas hacia el medio ambiente, con ciudades repletas de espacios verdes, cielos rabiosamente azules y solo surcados por vehículos eléctricos que no contaminasen lo más mínimo. Quizá en unas pocas décadas pueda hacerse realidad en muchas urbes europeas o estadounidenses, prácticamente libres de polución y molestos ruidos causados por el tráfico rodado. Ahí la electricidad, en detrimento de los motores de combustión, generará un cambio fundamental. Tanto como incierto. Porque «lo eléctrico» se ha convertido en un objetivo loable que alcanzar en favor de la eliminación casi total de buena parte de la contaminación ambiental que sufren muchos espacios urbanos del mundo. No obstante, se ha confundido con un componente ecológico que en realidad no es tal. Lo cierto es que simplemente cambiaremos un tipo de problema por otro.

Durante los últimos años se ha detectado un auge considerable en la fabricación y puesta en marcha de los vehículos eléctricos. Su contaminación en términos de emisiones es baja, y también lo es en cuanto a la contaminación acústica. En principio, todo ventajas. Sin embargo, algunos de los elementos que los componen, como las baterías, generan importantes problemas tanto en los materiales necesarios para su fabricación como en su reciclaje.

Al igual que el petróleo ha supuesto un elemento de enorme relevancia geopolítica durante el último siglo, de continuar al ritmo actual, los coches eléctricos serán tanto o más importantes que los de diésel o gasolina durante las décadas pasadas. En ellos hay varios elementos que juegan un papel crucial: el litio y el cobalto. Ambos son fundamentales para la fabricación de baterías, desde *smartphones* hasta vehículos, y lo cierto es que, hoy por hoy, su escasez es una variable importante.

En el caso del cobalto, si a principios del 2015 el precio de cada tonelada apenas sobrepasaba los 20.000 dólares, en el 2017 llegó a alcanzar los 80.000, y a principios del 2020 se ha situado en los 33.000 dólares. Estos vaivenes, además de suponer un freno importante para la industria, evidencian un problema fundamental: existen verdaderas dificultades para asegurar su suministro o la estabilidad de los precios, lo cual tiene un impacto tanto en la industria como en los propios consumidores.

Más allá de esto, la producción de este mineral se concentra en unos pocos Estados que generan importantes dependencias y no menos consecuencias en aquellos lugares de los que se extrae. La República Democrática del Congo es uno de ellos; además de ser un país cuyo subsuelo alberga una enorme variedad de minerales, es uno de los mayores productores de elementos clave para la industria tecnológica mundial. Esto no comportaría mayores problemas si no fuese porque buena parte de las explotaciones mineras del país son ilegales o llevan a cabo prácticas ilegales, como la explotación infantil. A esto podemos añadir que las víctimas de este fenómeno se cuentan por centenares, ya sea en derrumbes en las minas o en accidentes laborales de todo tipo. Esos minerales extraídos, además, financian a grupos guerrilleros y paramilitares de distinto pelaje, ya que muchos de ellos se obtienen en zonas donde la mano del Estado no alcanza, quedando a merced de reyezuelos locales que imponen su ley y aprovechan su lucro. Otro de esos lugares con enorme producción es China. Pero en este caso existe un matiz importante: la potencia asiática es uno de los países donde más crece la fabricación de los vehículos eléctricos. Así se ha acabado generando un sistema autosuficiente y en el que el país juega por esa ventaja competitiva y estratégica fundamental.

El segundo problema de calado es el reciclaje de las baterías. Dado que estos vehículos pasan buena parte del tiempo cargándose y la tecnología todavía no está muy desarrollada en ese aspecto, hoy es frecuente que las baterías se degraden con rapidez, lo que obliga a los dueños a sustituirlas. El elemento apartado genera un problema: está compuesto de materiales —incluyendo ácidos— enormemente contaminantes y muy difíciles de reciclar. Aunque en la actualidad la industria del motor centra buena parte de sus esfuerzos en investigar cómo alargar la vida útil de estas baterías y también cómo reciclarlas de un modo aceptable, el estudio está en una fase muy temprana. Es por ello que buena parte de los residuos generados acaban por enviarse a países en desarrollo, en un ejercicio tan desconocido como habitual como es externalizar la gestión de los residuos (nótese el eufemismo). Así, muchos compuestos tecnológicos obsoletos o que no tienen más recorrido son enviados a países africanos o asiáticos para alimentar sus enormes vertederos. El beneficio es evidente: se sacan de circulación elementos tóxicos y enormemente contaminantes y, al mismo tiempo, se puede enarbolar la bandera por lo verde, por el reciclaje y por la transición ecológica. El resultado es que hemos cambiado las boinas de polución de nuestras ciudades por intoxicar (más) las del llamado «Tercer Mundo».

Cuando, en 1776, el británico Adam Smith publicó *La riqueza de las naciones* probablemente no era consciente del impacto que esta obra iba a tener en la historia en general y la economía en particular. Situada en el marco de las discusiones y reflexiones propias de la Ilustración, la obra daba sentido al comportamiento económico que el ser humano había mantenido durante siglos en muchas zonas del planeta; además, se ponían las bases teóricas del sistema capitalista, que comenzaba a coger impulso gracias a la primera Revolución Industrial que acontecía en esas mismas décadas.

Adam Smith desarrolló dos ideas fundamentales en su libro. La primera era la conocida metáfora de la «mano invisible», que no es más que la tendencia natural del ser humano a buscar su propio interés mediante la especialización del trabajo, cuyo resultado final acaba siendo el de un mercado que provee de bienestar general a todo el mundo. Cuanto más especializado esté cada uno en su tarea, mejor la hará, lo que le permitirá producir más, vender los excedentes y, en consecuencia, conseguir los bienes que necesita para subsistir (bienes que no habría podido obtener si los hubiese tenido que crear por sí mismo, ya fuera por falta de tiempo o de habilidad). Esa especialización y la venta de excedentes era, en definitiva, lo que alimentaba el mercado. La segunda idea se refería a qué era lo que hacía a un país rico. Durante los siglos anteriores se pensaba que acumular metales preciosos, tales como oro o plata, era la receta para que un país fuese más rico, lo cual no era cierto. Lo que Smith acaba concluyendo es que una nación es más rica en tanto que produce más bienes y servicios que se puedan intercambiar, convirtiendo a sus ciudadanos —y no al Estado— en gente más acaudalada; precisamente para lograr esa riqueza era fundamental que existiese una especialización entre la población y una garantía del Estado para proveer de leyes justas y que así nadie sacase una ventaja indebida en ese mercado. Así nacía el capitalismo moderno.

Quiso la casualidad que apenas unos meses después de la publicación de *La riqueza de las naciones*, los estadounidenses declarasen su independencia. Con el tiempo, aquellas trece colonias británicas pasaron a convertirse en la principal economía del planeta a base de aplicar las enseñanzas de Adam Smith. Desde entonces se ha señalado a Estados Unidos como el paraíso del capitalismo, el lugar donde se da en su máxima expresión conforme a las lógicas que sentó el autor británico. Pero, una vez más, esto no es así.

Para poder cuantificar cómo de capitalista es Estados Unidos hemos acudido al «Índice de Libertad Económica», que cada año elabora el *think tank* estadounidense Heritage Foundation, una entidad claramente favorable a los postulados del libre mercado. Este índice valora distintas variables en cada país que inciden sobre su concepto de libertad económica, que se resume en el nivel de derecho que cada individuo tiene para controlar su propio trabajo y sus propiedades. Bajo esta óptica, el Estado no es demasiado intervencionista en el mercado y se limita a proveer de leyes y un orden justo para que el mercado actúe con cierta libertad. Lo que venía a decir Adam Smith, en resumen. Así, se pondera el imperio de la ley en el país (si la justicia es eficiente, por ejemplo), el tamaño del Gobierno (cuánto gasta o el nivel de impuestos existente), cómo de bien regulado está el mercado de trabajo o el de las empresas (se entiende que cuanto menores son las trabas, mayor libertad hay) y cómo es el nivel de libertad para comerciar o invertir. El resultado para Estados Unidos es, en cuanto al mito como paraíso capitalista, algo decepcionante, ya que se encuentra en el duodécimo puesto de la tabla de un total de 180 países. Los países que este estudio considera absolutamente libres en términos económicos son solo seis: Hong Kong (que más bien es un territorio autónomo de China), Singapur, Nueva Zelanda, Suiza, Australia e Irlanda. Sea como fuere, por delante de los estadounidenses todavía estarían los británicos, los canadienses o los islandeses, entre otros.

¿Qué ha hecho Estados Unidos para no merecer el puesto más alto de la tabla? Lo cierto es que lleva bastantes años obteniendo una puntuación similar, por lo que la llegada de Donald Trump a la presidencia no es un factor clave en este aspecto. En cambio sí le han perjudicado algunas medidas que este ha tomado, como las distintas políticas proteccionistas a nivel comercial para proteger la industria y el agro estadounidense. Con todo, el índice considera el gasto gubernamental y la salud fiscal como el gran talón de Aquiles para la «libertad económica» del país. Estados Unidos presenta desde hace mucho tiempo importantes problemas a efectos de deuda y de recaudación. La deuda pública sobrepasa el 107 % del producto interior bruto (PIB) y no deja de aumentar, lo que debilita las arcas del país al obligarle a destinar recursos para pagar esa deuda, y la situación se agrava porque, al mismo tiempo, gasta más de lo que ingresa. Hay que tener en cuenta, por ejemplo, que es el país del mundo que más dinero dedica a armamento y defensa (en el año 2018 gastó una cantidad similar que los ocho países siguientes juntos). Si a esto le sumamos la reciente reforma tributaria impulsada por Trump, que redujo los impuestos tanto a las rentas más altas como a las empresas, el desequilibrio tributario estadounidense es considerable. Y aunque esto es lo más notorio, en muchos otros aspectos, tales como los derechos sobre la propiedad, la integridad del Gobierno o la libertad monetaria, el país tampoco obtiene una puntuación elevada.

Se puede llegar a pensar que este índice premia al capitalismo más salvaje y perjudica a aquellos países que tienen amplios sistemas de bienestar. Sin embargo, esto no es del todo así. Países como Nueva Zelanda, Australia, Suiza o Irlanda (todos entre los considerados «libres») gozan de programas de protección social desarrollados, y no por ello ven perjudicada su puntuación. En la suma de esta clasificación acaba pesando más tener un Gobierno limpio, una justicia independiente, unas leyes claras y que se respetan o que la sostenibilidad económica del país esté asegurada antes que disponer de políticas sociales o de bienestar que, aunque a menudo son percibidas entre los más liberales como distorsiones del mercado, también son argumentadas por muchos como correctores de las ineficacias que tiene el propio mercado, algo que precisamente era el papel que Adam Smith le otorgaba al Estado. Así que antes de quedarnos cautivados por esa tierra de las oportunidades que Estados Unidos dice ser, lo cierto es que los números no le dan la razón.

La mayor industria cinematográfica no es Hollywood

Cuenta la historia que cuando los hermanos Lumière —inventores del cinematógrafo— proyectaron por primera vez su breve película *Llegada del tren a la estación de La Ciotat* en 1896, los espectadores de las primeras filas huyeron de sus asientos al ver a la locomotora acercarse, temerosos de que lo de la pantalla no fuese una ilusión y la máquina de hierro los arrollase. Este episodio probablemente sea una invención, otra de tantas de la época para evidenciar lo poderoso de todos aquellos artilugios que estaban surgiendo en esos años. Lo que seguro desconocían aquellos pioneros del cine, lo mismo que los primeros espectadores, era el inmenso poder económico y cultural que tendría semejante invento.

En el 2018 las taquillas de cine del planeta recaudaron más de 40.000 millones de dólares, y se calcula que el mundo de la televisión y los vídeos moverán más de 286.000 millones de dólares en el 2020. Dentro de este vasto mundo, Hollywood, o la industria estadounidense del cine, sin duda tiene un papel protagonista. Como mercado no tiene rival gracias a que la distribución de sus películas se realiza sobre todo en países con alto poder adquisitivo, pero en absoluto Estados Unidos es el país que más filmaciones produce. Tanto es así que hoy, de manera oficial, ocupa la tercera posición según los datos de la Unesco, pero podría estar incluso relegado a la cuarta plaza.

Ahora mismo quizá estés pensando en China, que hoy compite en multitud de aspectos con Estados Unidos, y si consideramos que es el país más poblado del planeta, las piezas encajarían. Y sí, es cierto, los chinos están por delante de los estadounidenses. Pero no lo suficiente. ¿Has oído alguna vez hablar de Bollywood? Este término —un acrónimo formado por *Bombay* y *Hollywood*— hace referencia a la potentísima industria cinematográfica de la India, que precisamente tiene en Bombay uno de sus grandes centros productivos. No nos debería extrañar considerando que este país cuenta con más de 1.300 millones de habitantes. Sin embargo, su principal característica es que, al contrario que el cine de Hollywood, su consumo se orienta especialmente al mercado nacional, por lo que no es muy conocido fuera de las fronteras indias más allá del exotismo que puede despertar. Aun así, en el año 2016 Bollywood produjo el triple de películas que Hollywood, siendo la India el primer país que más cintas aporta a la filmografía mundial. Detrás del país asiático se sitúa China —cuya industria no tiene ningún nombre con relumbrón— y, ahora sí, Estados Unidos.

No obstante, todavía existe una incógnita respecto al peso cinematográfico estadounidense que los datos, al menos de forma actualizada, no esclarecen. En el año 2011 hubo otro país que superó a Estados Unidos en cuanto a producción de películas, pero que desde entonces no ha aportado más cifras. Su industria se la conoce como Nollywood —la originalidad de los nombres no es abrumadora en el mundo del cine— y el país de origen, Nigeria. Porque, efectivamente, en el año 2011 Nigeria era el segundo país del mundo que más películas lanzaba por detrás de la India y por delante de Estados Unidos y China. La característica particular que tiene Nollywood es que no se trata de una industria propiamente dicha, con multitud de directores consagrados o grandes productoras que financian los proyectos, sino que en muchos casos se trata de un cine casi *amateur* que suele ser autoproducido. Sin embargo, lo de hacer películas se ha vuelto tan popular en Nigeria durante los últimos años que, a efectos de producción, ha acabado desbancando al propio Estados Unidos.

Aun con este escenario, es poco probable que en los próximos años comiences a ver en las carteleras películas indias, chinas o nigerianas. El mercado del cine, al tener mucha relación con las identidades y las pautas culturales que se tienen en las distintas zonas del mundo donde estos filmes se producen, hace que funcionen de forma muy estanca, y, por lo general, las películas de un contexto cultural son difícilmente exportables a otro, sobre todo porque es complicado que se rentabilicen.

El Reino Unido no es el país que más té consume

¿Qué hay más británico que tomar el té? Esa infusión se ha instalado en el imaginario popular como algo tanto o más británico que el Big Ben, los autobuses rojos de dos pisos o los Beatles. Pero al menos en tiempos recientes, los habitantes del Reino Unido no consumen té en las cantidades ingentes que podríamos pensar. Es más, en otros muchos países lo de hacer una infusión con hierbas es una auténtica devoción, y el té o sus derivados se sienten y huelen en cada esquina.

El origen de muchas de estas bebidas, hoy tan populares para tomar de forma tranquila en casa, con amigos o en una reunión de trabajo, es más mundano y práctico de lo que pensamos. Hasta hace bien poco, en los países más desarrollados del mundo no era muy recomendable beber el agua corriente al ser toda una lotería de enfermedades. Tanto es así que hoy en muchos lugares del planeta se recomienda beber agua embotellada. Si pensamos, por ejemplo, en Europa durante la Edad Media, el riesgo de enfermar por beber agua insalubre era elevado, por lo que hubo que inventarse distintas formas de estar hidratado y, al mismo tiempo, protegerse de cualquier bacteria o problema que pudiese causar el agua para la salud. Este fue el origen, por ejemplo, de muchos alcoholes a lo largo de los siglos, incluyendo la cerveza.

El té, sin embargo, proviene del continente asiático. En China, un par de siglos antes del año cero, empezó a ser habitual añadir las hojas y los brotes de la planta del té al agua hervida —un remedio para eliminar riesgos— con la finalidad de darle un mejor sabor. Desde allí se expandiría por toda Asia, y hoy sabemos que para cuando los europeos descubrieron esta bebida, en zonas como el Tíbet o la India el consumo del té era elevado. Los portugueses fueron quienes, a través de sus rutas comerciales con la India desarrolladas en los siglos xv y xvi, trajeron el té a Europa, y a partir de ese momento tendría que competir con su gran rival, el café.

Desde entonces el té experimentó una rápida expansión por algunas partes del norte de Europa, aunque especialmente en las islas británicas (Gran Bretaña e Irlanda). Allí fue donde el té se hizo fuerte, y cuando el Reino Unido desarrolló todo su potencial colonial, el consumo de té fue exportado a muchos lugares bajo dominio británico, como Estados Unidos, Canadá o Australia.

Así, los tres países que más té consumen al año por habitante son Turquía, Irlanda y el Reino Unido. Es paradójico que Irlanda, que quizá sea más conocida por la cerveza o el whisky, consuma más té que los propios británicos. Sea como fuere, en esta clasificación hay un gran matiz: esos son los países que más té consumen, pero no los que más infusiones. Porque aquí entra en liza otro producto enormemente popular en Sudamérica y que se parece al té al menos en una parte del nombre: el mate. Esta bebida, que poco tiene que ver con el té más que en hervir las hojas de una planta, arrasa en lugares como Argentina, Uruguay o Paraguay. Hasta tal punto es así que Turquía, primer consumidor mundial de té por habitante y año, lo hace a razón de unos tres kilos, pero si añadimos las infusiones nos encontramos que en Paraguay esta cifra se eleva hasta los doce, en Uruguay hasta casi los diez y en Argentina hasta los seis, frente a unos británicos que consumen apenas dos kilos por persona y año.

Por tanto, tal vez desde el Reino Unido nos hayan hecho creer que el té es lo más británico que existe, pero a ellos no les gusta tanto, al contrario que en otras zonas del mundo donde la veneración por las infusiones es absoluta. Y quien haya viajado a Turquía o a Uruguay lo sabrá.

EUROPA NO SE ESTÁ QUEDANDO SIN BOSQUES NI ÁRBOLES

Le atribuyen al geógrafo romano Estrabón una historia que tiene como protagonista a una ardilla que recorre de punta a punta la península Ibérica sin tener que tocar el suelo. Esa especie de leyenda que le otorga a las actuales España y Portugal una densidad arbórea nunca jamás vista la escribió el viajero, y la causa más probable de que no desarrollase esa idea es que no era cierta.

Es bien conocido que el norte peninsular y la costa portuguesa, de clima atlántico, son mucho más verdes que el centro ibérico o la costa mediterránea, más secas y escasas de bosques densos. Así pues, y al contrario de lo que puede suceder en zonas como Escandinavia, el espacio que hoy ocupan España y Portugal jamás han visto un esplendor arbóreo descomunal (a excepción quizá de épocas prehistóricas). Esto no quita para que desde hace unas décadas el continente europeo esté viviendo una reforestación jamás vista antes. Tal es así que, hoy en día, Europa es mucho más verde que hace un siglo. Y esto tiene una explicación.

A medida que el número de humanos fue aumentando y, con ellos, la actividad económica, una de las primeras víctimas fueron los bosques. Desde antes de la época romana hasta la Revolución Industrial, pasando por la Edad Media, la necesidad de utilizar la leña como combustible (casi el único) y de ganar terreno para desarrollar la agricultura y la ganadería dio lugar a que los árboles escasearan cada vez más en los paisajes europeos. Paradójicamente, el auge de los combustibles fósiles, caso del carbón o el petróleo, dio una tregua a los bosques, que ya no necesitaban proveer de leña ni a los ciudadanos ni a su industria al existir otros recursos energéticos más baratos. Así, a partir del final de la Segunda Guerra Mundial, la madera quedó relegada a muy pocos usos en comparación con los que había tenido siglos atrás.

Sin embargo, también hubo otros factores importantes que explican que hoy el Viejo Continente sea más verde. Y todos tienen relación, de una u otra manera, con el ser humano.

El primero y más importante es el abandono de las áreas rurales. Ya desde finales del siglo XIX, aunque acentuado en la segunda mitad del siglo XX, se produjo en toda Europa un éxodo desde el campo hasta las ciudades.

Estas últimas, entendidas como polos de actividad económica, se nutrieron de una gran cantidad de población que llegaba buscando una mejor vida que en el campo no podían encontrar. Esta migración también coincidió con una época donde la labor agraria se fue mecanizando. Para trabajar el campo ya no hacía falta tanta gente, pues bastaba con unas cuantas máquinas, y tampoco era necesario trabajar extensiones tan grandes de terreno; el campo ganó en rendimiento. Así que la naturaleza se limitó a retomar lo que una vez fue suyo. La maleza cubrió los pueblos que quedaban abandonados, los bosques y pastos que ya no eran explotados por la mano humana volvieron a avanzar, y donde antes había campos de cultivo o extensiones para el ganado, ahora volvían a crecer las plantas. Así, de forma natural, las praderas y los bosques están recuperando un número cada vez mayor de hectáreas en Europa.

La segunda razón relevante es que ha habido un esfuerzo activo por reverdecer determinadas zonas. Es lo que comúnmente conocemos como «políticas de reforestación». Aunque los bosques o las praderas en Europa no llegaron a desaparecer, sí es cierto que determinadas zonas, a menudo por la sobreexplotación maderera o agraria, quedaron muy mermadas, por lo que durante las últimas décadas ha habido un intento por recuperarlas. Recordemos, además, que la reforestación es una medida importante de cara a combatir el cambio climático y todos sus efectos. Por ejemplo, estas previenen la desertificación de los terrenos —una amenaza importante en el sur del continente—, evita que el suelo absorba radiación solar —lo cual previene el calentamiento— e indirectamente previene la emisión de grandes cantidades de dióxido de carbono a la atmósfera si esos terrenos se utilizasen para la agricultura, la ganadería o la explotación maderera.

Por tanto, hoy quizá más que nunca, la ardilla de la que se supone hablaba Estrabón estaría más cerca de cruzar la Península de árbol en árbol.

2

Pobreza y migraciones
La pobreza y las migraciones no son como crees

No es extraño que dos fenómenos estén estrechamente relacionados, aunque muchas veces no veamos tal conexión. Una de las más habituales es la que existe entre la pobreza y las migraciones. Los ricos rara vez se ven obligados a abandonar el lugar en el que están para empezar en uno nuevo; este fenómeno afecta a quienes no tienen recursos para elegir, que simplemente se ven movidos por el vaivén que el mundo les depara.

Esto a menudo lleva a la estigmatización: las personas con menos recursos tienen menor aceptación en las sociedades que aquellas más adineradas. También a mitos, como poner sobre sus hombros la responsabilidad de su situación o distorsionar las causas reales que les llevan a salir de su lugar de origen buscando un futuro mejor.

HACER UN VOLUNTARIADO NO ES LA MEJOR MANERA DE AYUDAR

Si somos asiduos de redes sociales como Facebook o Instagram, es cuestión de tiempo que antes o después nos encontremos con la siguiente estampa: un conocido, amigo o familiar —puede que incluso tú mismo— en algún país de África o de Asia, rodeado de críos o involucrado en algún tipo de proyecto como levantar una escuela, ayudar en un orfanato o construir pozos en alguna comunidad. Esto es lo que desde hace décadas se conoce como voluntariado; una actividad muy loable la de ayudar a los demás. Pero también puede que estas imágenes se alternen con playas increíbles, visitas a lugares exóticos y fotografías perfectas de la gastronomía local. Si por ese voluntariado ha habido un desembolso económico de quien ayuda, a lo mejor hay que cambiarle el nombre, ya que es probable que estemos hablando de «volunturismo».

Este fenómeno es relativamente reciente aunque crece de manera imparable. Jóvenes occidentales —y especialmente estadounidenses— pagan importantes sumas de dinero, que alcanzan varios miles de dólares o euros, para viajar a un país en desarrollo y colaborar en algún tipo de proyecto humanitario, a menudo dando clase en una escuela o haciendo tareas varias en un orfanato. Desde la perspectiva de quien viaja, la idea es inmejorable: poder ir a un país lejano para ayudar a gente necesitada. Sin embargo, este punto de partida encierra cuestiones menos positivas.

En muchos casos, pero no en todos, pues sería tremendamente injusto generalizar, la motivación de quien toma este camino es la autorrealización. La generación *millennial* —nacidos entre mediados de los ochenta y finales de los noventa— no ha tenido durante sus primeras décadas de vida unas privaciones o limitaciones —especialmente en las clases acomodadas o adineradas— que generaciones anteriores sí habían padecido. En este sentido existe cierto grado de «culpabilidad» en tanto que buscan destacarse y dejar su marca en este mundo, y eso muchas veces creen encontrarlo colaborando en proyectos en países africanos o asiáticos. De igual manera, el auge de las redes sociales ha explotado esa necesidad de destacar, creando a su vez una constante necesidad de aceptación en el entorno que a menudo se refuerza compartiendo fotografías de esos viajes en Instagram o Facebook. No es culpa de nadie, tan solo son los rasgos sociológicos que marcan a una generación, como a las anteriores les marcaron otros.

Con todo, lo anterior es casi lo menos importante. Como es lógico, el impacto que estas personas tienen en los lugares a los que viajan y en las personas con las que se relacionan —muchos de ellos niños— es más relevante. También porque es muy elevado.

Tal es el número de «volunturistas» que existen actualmente que ya se ha organizado todo un negocio alrededor. Son muchas las organizaciones dedicadas a gestionar este tipo de viajes y así lograr que alguien que quiere ayudar pueda encontrar un proyecto que satisfaga sus inquietudes y se ajuste a su presupuesto. De igual manera, también son muchas las personas que han visto en el ámbito de la buena voluntad un negocio redondo. Como uno de los destinos preferidos de los voluntarios son los orfanatos, en muchos países asiáticos se han empezado a crear instituciones de orfandad y hasta huérfanos «artificiales»; una organización que quiere obtener un jugoso rédito económico de las donaciones y aportaciones de los voluntarios puede dedicarse a ofrecer a familias extremadamente pobres una suma importante de dinero por un hijo pequeño al que cuidar en el orfanato. Es su inversión. Las familias aceptan por pura necesidad y el hijo acaba en una institución, donde recibe constantes visitas de estadounidenses, australianos, alemanes o canadienses que pasan quince o treinta días allí y luego regresan a su país. Además de las pocas necesidades cubiertas que estos falsos huérfanos tienen (si estuviesen bien cuidados, no serían necesarias ni la ayuda ni las donaciones occidentales), el ir y venir de gente crea importantes problemas de dependencia emocional en estos niños. Es tal el negocio alrededor de estos orfanatos ficticios que incluso se han llegado a detectar redes de tráfico de personas orientadas a nutrirlos de niños para así continuar con la actividad fraudulenta.

Donde también se puede observar este fenómeno es en los colegios. El objetivo de muchos de estos proyectos de voluntariado es que los visitantes den clases a los críos en distintas materias. Como es lógico, para quienes llegan allí es toda una experiencia, pero para las criaturas supone un serio retraso en su aprendizaje ya que la inmensa mayoría de los voluntarios no tienen las capacidades, los conocimientos y tampoco el tiempo para realizar una tarea docente en condiciones. Irónicamente, con los fondos que pagan para poder dar clases se podría invertir en mejores equipamientos y personal a largo plazo que harían más dinámica la economía local.

Todo lo dicho hasta ahora no es una crítica a las labores de voluntariado. Sin duda son necesarias. Pero en muchos aspectos se han difuminado de manera imperceptible con un negocio, y se aprovecha tanto de la precaria situación en muchas partes del mundo como de las necesidades de los que desean ayudar para sentirse realizados. Asimismo, el volunturismo también es una consecuencia directa de la precariedad en el mundo de la cooperación y de la poca importancia que estos asuntos tienen en la agenda política.

El Comité de Ayuda al Desarrollo (CAD) es una organización dentro de la OCDE, el organismo que agrupa a las economías más desarrolladas del planeta, creado en 1961 con la intención de coordinar y mejorar la cooperación al desarrollo de los países miembros. El CAD se propuso como meta que el 0,7 % de la renta nacional bruta (un indicador parecido al PIB) de cada país miembro se destinase a la cooperación. Aunque no parece una cifra excesiva, lo cierto es que de los veintinueve países de la organización, solo cinco cumplen lo acordado (Suecia, Luxemburgo, Noruega, Dinamarca y el Reino Unido), mientras que países como España se quedan en el 0,2 % o Estados Unidos en el 0,17 %.

Lo ideal, por tanto, sería que los Estados se responsabilizasen de sus propios compromisos y que estos recursos —muchos de ellos canalizados hoy a través de jóvenes que solo buscan ayudar— estuviesen gestionados y controlados por profesionales, con la ayuda complementaria de voluntarios. Lamentablemente, por puro desconocimiento y, en muchos casos, ingenuidad, estos voluntaristas perjudican más que benefician a la realidad que pretenden combatir.

LOS POBRES NO SON POBRES PORQUE QUIEREN

Imagina que naces en Dinamarca y el destino ha querido que tu familia esté en el 10 % más pobre de sus habitantes. Aunque el país nórdico no es ni mucho menos de los peores sitios para nacer en el mundo, no cabe duda de que tampoco es sencillo formar parte del estrato más humilde. Tu intención, como es lógico, es salir de la pobreza a base de trabajo y también gracias al amplio sistema de bienestar danés. Lo más probable es que no lo consigas y mueras perteneciendo a ese mismo estrato. Eso mismo les ocurrirá a tus hijos, que en buena medida heredarán la falta de oportunidades que te tocó a ti a lo largo de la vida y desaparecerán del mundo sin haber disfrutado de una posición acomodada. Sin embargo, tus nietos es probable que estén cerca de la media del país. En aproximadamente sesenta años tu familia danesa habrá dejado atrás la pobreza para vivir en unas condiciones más o menos similares a las de la mayoría de la población del país. Dos generaciones y más de medio siglo parece mucho tiempo, pero es el ascensor social más rápido que existe entre los países de la OCDE, las economías más avanzadas del planeta. En el resto de los países nórdicos serán tres generaciones (noventa años); en lugares como Canadá o España, cuatro generaciones; en Estados Unidos, cinco; en Francia, Alemania o Argentina, seis; mientras que en Colombia, el extremo opuesto, harán falta once generaciones (trescientos treinta años).

Es evidente que estas grandes disparidades encierran complejas explicaciones. La pobreza suele ser la consecuencia de multitud de cuestiones entrelazadas. Es complicado no ser pobre si tu país está constantemente arrasado por los conflictos armados, si la corrupción campa a sus anchas, si apenas tiene recursos que poder explotar o si permanece ajeno a las dinámicas internacionales, entre otras muchas variables. Sin embargo, para explicar todo esto a menudo se recurre a una llamativa simplificación: los pobres son pobres porque quieren. Según esta tesis, la pobreza y la riqueza son cuestiones de voluntad personal, un deseo sin ningún otro tipo de condicionante.

Compremos esta tesis por un segundo, aunque sea difícil entender las razones por las que una persona querría ser pobre. Supongamos que las personas que ya son ricas quieren seguir siendo ricas. Entonces ¿por qué en Estados Unidos desde hace cincuenta años existe una probabilidad del 60 % de que una nueva generación tenga menos ingresos que sus predecesores y una probabilidad superior al 50 % de que la riqueza de los hijos sea menor que la de los padres? Quizá existan factores más allá del simple deseo.

Esta lógica también es aplicable a otro mantra relativamente extendido según el cual los pobres son pobres porque no se esfuerzan. Se esfuercen o no, ¿por qué en muchos países, también desarrollados, lo más probable es que sigan siendo pobres al final de su vida? ¿Por qué en muchos países las personas más adineradas siguen siendo ricas al final de su vida, con independencia del empeño que pongan en ello? De nuevo, tal vez haya más factores aparte del esfuerzo personal. Los que tienen una influencia considerable en el desarrollo intergeneracional se pueden agrupar en dos niveles, más allá de que siempre existe un componente de imprevisibilidad que puede afectar (accidentes fortuitos, cuestiones genéticas como enfermedades, etc.).

El primero sería la simple y llana herencia, aunque no en un sentido estrictamente económico. Cada uno de nosotros tenemos, además de un sueldo y ciertos bienes, otros activos tales como un capital cultural (conocimientos) y un capital social (amistades, conocidos o distintos contactos personales o laborales). Todo suma a la hora de traspasar esa riqueza a la generación siguiente. Quizá tus descendientes no reciban propiedades inmobiliarias o acciones de bolsa, pero sí que pueden aprovecharse de una importante red de contactos que has desarrollado a lo largo de tu vida y que, de una forma u otra, les abre la puerta a distintas oportunidades educativas o laborales. Además, la tendencia natural a relacionarnos con personas de nuestro círculo cercano, que tendrán un perfil socioeconómico similar al nuestro, dificulta en algunos aspectos la movilidad social tanto en sentido ascendente como descendente. Quienes más activos heredan tienen muchos más recursos para poder mantenerse en el mismo estrato o incluso ascender, y quienes menos activos reciben de sus progenitores es más probable que se queden en el mismo punto o incluso que desciendan al tener muchas menos cartas que jugar.

Esta situación era lo que se venía produciendo hasta finales del siglo XIX y principios del XX en la gran mayoría de los países occidentales: quienes más tenían (clases acomodadas o nobles) perpetuaban su estatus social y económico gracias a esa herencia. Para poner cierto freno a dicha retroalimentación, que solo creaba más desigualdad al acumular la riqueza en unas pocas manos y familias, se crearon los primeros impuestos sobre sucesiones, aunque no lograron reequilibrar la balanza. Esto solo se consiguió con el auge de los Estados del Bienestar.

Uno de los objetivos de los sistemas públicos de bienestar es, precisamente, corregir las ineficacias del modelo implantado hoy en día, y permitir que todo el mundo tenga las mismas oportunidades para adquirir una serie de mínimos activos que luego emplearán en la etapa adulta. Así, la educación pública garantiza que cualquier persona que lo desee o lo necesite tenga un mínimo capital cultural con el que luego manejarse con cierto margen para optar a distintos trabajos; la sanidad pública garantiza que una enfermedad no supone un desembolso importante para quien la padece, dejándolo sin recursos o con deudas (como a menudo ocurre en Estados Unidos), y las transferencias públicas (seguros de desempleo, jubilaciones, becas, etc.) hacen posible que una persona mantenga un mínimo nivel de vida y eso suponga, a su vez, un colchón de seguridad para la generación siguiente. Si alguien en una posición más o menos acomodada de pronto perdiese el trabajo y padeciese una enfermedad costosa, probablemente se quedaría en una situación de indigencia, y obligaría a sus hijos a partir desde ese punto en un futuro, no desde el que estaban. Así pues, ambos sistemas buscan a su manera impulsar hacia arriba y también evitar que caigan por debajo quienes ya han alcanzado ese nivel.

El resultado de estas políticas que distribuyen la riqueza está más que comprobado. El Índice de Gini mide la distribución de los ingresos en una sociedad. Un índice 100 significaría la desigualdad absoluta (una persona tiene todo y el resto, nada) y un índice 0 significaría que todas las personas ganan absolutamente lo mismo. Por los datos disponibles en Eurostat se puede comprobar que los ingresos antes de cualquier redistribución en todos los países de la Unión Europea se sitúan en una banda de entre 60 y 40 puntos; tras realizar transferencias (pensiones, ayudas, etc.), en la mayoría de los países cae por debajo de los 30 puntos.

Los países donde más se reduce la brecha son, precisamente, Suecia, Dinamarca o Finlandia, aquellos en los que se tarda menos generaciones en salir de la pobreza.

EL MUNDO NO ESTÁ SUPERPOBLADO Y HAY COMIDA PARA TODOS

El británico Thomas Malthus es uno de los economistas contemporáneos más influyentes. A finales del siglo XVIII publicó de forma anónima su *Ensayo sobre el principio de la población*. Una de las tesis que acabó calando era su relación entre el aumento de la población y la de los alimentos que se producían. Afirmaba que la población crece de una forma geométrica (cada vez a un ritmo mayor), mientras que los alimentos lo hacían de forma aritmética (siempre al mismo ritmo). Por tanto, llegaría un punto en el que la población mundial sería superior a los alimentos que se producían para alimentarla, por lo que veríamos una reducción demográfica —hambruna mediante— motivada por este factor. Para evitarlo, además de métodos anticonceptivos, proponía una serie de medidas que hoy podríamos considerar inhumanas, como dejar que los pobres viviesen cerca de zonas insalubres para reducir su esperanza de vida.

Esta premisa, no obstante, ha servido de punto de partida para distintos argumentos que afirman que el planeta está (o estará pronto) al borde de su capacidad, y o bien se produce una desescalada demográfica, o bien podemos asistir a profundos problemas relacionados con la escasez de recursos. Es cierto que el planeta tiene un límite, pero en algunos aspectos estamos lejos de haberlo alcanzado, mientras que en otros no depende tanto de la presión demográfica existente como de la mala gestión que se ha venido haciendo hasta ahora.

En lo que sí resultó claramente errada la teoría malthusiana fue en la cuestión alimentaria. El británico nunca consideró que los cultivos pudiesen rendir tanto como hacía el aumento demográfico, pero debido a distintas olas modernizadoras hemos descubierto que sí. La agricultura actual poco se parece a la de finales del siglo XVIII, ya sea en la forma como en la cantidad y variedad de frutos que da la tierra, y eso ha permitido que la producción de alimentos siga el ritmo de la población. Precisamente cuando Malthus publicó su obra, el planeta estaba muy cerca de alojar de forma simultánea a 1.000 millones de personas. Hoy en día hemos superado los 7.500 millones y el camino sigue siendo ascendente. De ese número, alrededor de 820 millones pasan hambre según los datos de la ONU. Al mismo tiempo, la organización calcula que más de 1.000 toneladas de alimentos se desperdician cada año en el planeta. Sería fácil decir que el problema se resuelve haciendo una simple división, pero lo cierto es que no. Este dato revela que algunas zonas del planeta tienen un problema serio de sobreproducción y gestión de los alimentos y en otras ocurre justo lo contrario.

Más allá de la generalidad de Malthus, es evidente que el mundo, en cuanto a la alimentación, todavía tiene margen para crecer en determinadas zonas. En una década, en el 2030, se calcula que ya habrá 8.500 millones de habitantes, y a finales de siglo habremos sobrepasado los 11.000 millones. Parece apocalíptico, pero hay varias distorsiones estadísticas que nos pueden ayudar a entender mejor el futuro de la población mundial.

Desde principios de los años sesenta, el ritmo de crecimiento de la población mundial no ha dejado de descender. Si en 1962 la cantidad de gente que habitaba el planeta creció un 2,2 %, desde entonces camina de forma inexorable hacia el cero. Tal es así que para el año 2100 las proyecciones demográficas de la ONU apuntan a que, en términos porcentuales, la cantidad de humanos apenas esté aumentando. Pero los incrementos relativos nada tienen que ver con los absolutos. Aunque el crecimiento anual de la población hoy se sitúe en torno al 1 %, la cantidad a la que hay que aplicar ese porcentaje es gigantesca, lo que redunda en un aumento cuantitativo muy elevado. Si en 1800, cuando éramos 1.000 millones, hubiésemos crecido un 5 %, se hubiesen sumado 50 millones más; hoy, que somos 7.500, un crecimiento del 1 % supone que se añadan 75 millones de personas al planeta. Pero esto es solamente una simplificación matemática. Las mismas proyecciones apuntan a que, cuando acabe el siglo, se crezca a menos de 20 millones de habitantes al año por dos razones de bastante peso: el envejecimiento de la población mundial (todas esas personas que nacían a un ritmo frenético hace cuarenta años se irán muriendo en las próximas décadas) y el menor número de hijos por mujer. Así pues, alrededor del año 2100 estaremos cerca del punto de inflexión previsto.

¿Es sostenible esa cifra de personas con la situación que hoy vivimos en el planeta? En muchos aspectos, no. Con el añadido, además, de que una proporción mayor de población tendrá estándares económicos más elevados que los que existen hoy, por lo que su impacto sobre el consumo de recursos será mayor. Si el Día de la Sobrecapacidad (es decir, cuando nos excedemos en el consumo de recursos que la Tierra puede regenerar) hoy lo tenemos entre finales del mes de julio y principios de agosto, ¿cuánto avanzará si se mantienen los niveles con un 50 % más de población?

La clave, nuevamente, parece enfocarse hacia la productividad y la correcta gestión de los recursos. Cuestiones como una transición energética a escala mundial para depender de energías renovables en vez de combustibles fósiles, una mejor gestión de los alimentos para que lleguen en buen estado a aquellos lugares donde la producción puede ser inferior y no acaben desechados, o distintos acuerdos globales para potenciar alimentos que consuman menos agua (hoy la gran mayoría del agua dulce del mundo se emplea en la producción de alimentos, no en el consumo directamente humano) pueden darnos el margen necesario para que el nacimiento de varios miles de millones de personas más sea asumible. De lo contrario, Malthus habrá acertado trescientos años después de cuando se lo propuso.

El mundo no es más pobre ni más desigual que en el pasado

Desde hace unos años, la ONG Oxfam publica un estudio donde analiza la distribución de la riqueza en el mundo y en qué manos se acumula. Su informe de enero de 2017 suscitó cierto debate en los economistas por algunas inconsistencias en la metodología que el estudio parecía tener —y que había logrado un notable impacto mediático— por la frase en la que se podía acabar resumiendo todo: ocho hombres tenían la misma riqueza que la mitad más pobre del mundo, que sumaba la friolera de 3.600 millones de personas.

Con todo, la idea de fondo parecía clara: la riqueza se está acumulando cada vez más en las manos de unos pocos. Unos son más ricos y otros son más pobres. Pero lo cierto es que no; la pobreza en el mundo no ha dejado de decrecer y la desigualdad, en muchos aspectos, se mantiene en el mismo punto o incluso se ha reducido en determinadas zonas del planeta. Sin embargo, ambas son variables que se ven constantemente reforzadas por el sesgo pesimista del ser humano. Nuestra tendencia a creer que todo va peor de como en realidad ocurre ha tenido una especial incidencia en la visión que tenemos de la pobreza y la desigualdad. Como es lógico, cuestiones como la crisis económica que medio mundo arrastra desde el año 2008 no han mejorado esta percepción.

Uno de los problemas del estudio de Oxfam es que partía del concepto de riqueza. Evidentemente, la fortuna de Jeff Bezos, fundador de Amazon, con más de 100.000 millones de euros en su haber, se asienta sobre todo en el valor que tienen las acciones de su empresa, no en haber acumulado salarios o en haber realizado trabajos por ese valor. Su riqueza, en definitiva, es el valor de sus activos. Mark Zuckerberg, en julio del 2017, perdió (¡en un solo día!) casi 16.000 millones de dólares, es decir, una quinta parte de su fortuna, tras caer Facebook un 20 % en la bolsa. ¿De qué otro modo se le evaporaría a cualquier mortal un 20 % de su riqueza de la noche a la mañana si no fuese por una catástrofe? ¿Qué clase de riqueza personal se tiene cuando está asentada sobre unas acciones que cada día suben o bajan en el parqué? Y esa premisa es aplicable a otros personajes como Bill Gates, Amancio Ortega o Carlos Slim, también situados en los puestos más altos del mundo. Usar de forma comparativa una variable que para algunos fluctúa cada día en Wall Street quizá no sea la forma más adecuada de medir un fenómeno tan complejo como es la desigualdad.

Para analizar en profundidad esta cuestión acudimos al *World Inequality Report 2018,* coordinado, entre otros, por el economista Thomas Piketty. Aunque tiene algunos vacíos regionales (como América Latina o buena parte de Asia), ofrece una radiografía interesante de cómo ha cambiado la desigualdad en muchos puntos del planeta durante las últimas décadas. Por ejemplo, el 10 % de la población con más ingresos en Estados Unidos y Canadá ha pasado de poseer un 33 % de los ingresos totales en el país en 1980 a algo más de un 45 % en el 2016. Algo similar ha ocurrido en China, donde el despegue económico del país también ha provocado un aumento sustancial de la porción de tarta de los comensales más acaudalados. Los casos más extremos se han producido en Rusia, donde el colapso de la Unión Soviética a finales de 1990 duplicó en pocos años la parte del pastel de los más ricos, o la India, donde si el 10 % con mayores ingresos tenía un 30 % del total de ingresos del país hace casi cuatro décadas, en el 2016 ya poseía un 55 %. Sin embargo, es llamativo que en Europa, a pesar de la crisis, la variación ha sido muy leve, y en otros lugares del planeta como Brasil o el África subsahariana la desigualdad se ha mantenido. En Oriente Próximo incluso se ha reducido.

En el mundo occidental existe una importante diferencia. Mientras que en Estados Unidos el 1 % más rico acumula ya el 20 % de los ingresos totales frente al 50 % más pobre, que apenas suma un 13 % de los ingresos del país —ambos caminos se cruzaron en 1996—, en Europa el 1 % más acaudalado llega tímidamente al 12 % de la riqueza, un incremento de dos puntos en cuarenta años, frente a la mitad de la población más empobrecida, que acumula un 22 % de la riqueza, dos puntos menos que en 1980. Así, el gran desequilibrio se encuentra en Estados Unidos, con unos «megarricos» cada vez más solventes frente a una Europa que, gracias a las políticas de redistribución, ha mantenido la situación bastante controlada.

Y esto, a nivel global, ¿cómo ha evolucionado? Pues, según este estudio, de una manera que puede romper muchos esquemas. Si el porcentaje de riqueza mundial de la mitad más pobre del planeta ha ido creciendo lentamente desde los años ochenta hasta acercarse al 10 % del total de esta en el 2016, el 1 % más rico vio aumentar enormemente su trozo de pastel desde mediados de los ochenta hasta el inicio de la crisis financiera en el 2008, momento en el que comenzó a ceder terreno poco a poco.

Sea como fuere, la desigualdad es un fenómeno comparativo, y eso nos puede llevar a conclusiones precipitadas. Si en un país todo el mundo es igual de pobre, la desigualdad es nula o muy baja, y si se fundase un país cuyos ciudadanos fuesen los más ricos del mundo, la desigualdad sería muy escasa. Por tanto, la desigualdad no va necesariamente de la mano de la pobreza o la riqueza, ya que también puede darse el caso de que mucha gente esté aumentando su poder adquisitivo pero, por la razón que sea, los más ricos lo hagan a un ritmo aún mayor y esto resulte en un incremento de la desigualdad. Por tanto, es preciso conocer la otra cara de la moneda, que es la de la pobreza.

La reducción de la pobreza en nuestro planeta ha sido, durante el último cuarto de siglo, espectacular. Si en 1990 algo más de un tercio de la población mundial (1.900 millones de personas) vivía en condiciones de extrema pobreza, hoy son alrededor de 650 millones. Si hace treinta años algo más de 1.500 millones de esas personas extremadamente pobres vivían en el continente asiático (especialmente el sur y el este), hoy suman alrededor de 100 millones. Y es que en lo que va de siglo esta variable se ha desplomado y va camino de la desaparición. Así, y con la única excepción del África subsahariana, en las próximas décadas la extrema pobreza en el resto de las regiones del planeta puede ser prácticamente testimonial.

No obstante, tampoco conviene lanzar las campanas al vuelo. Si la pobreza extrema supone vivir al día con menos de 1,90 dólares en paridad de poder de compra, existen más estratos de pobreza que alcanzan hasta los 5,50 dólares al día. En todo ese intervalo se acumula casi la mitad de la población mundial, mientras que un 35 % se considera que tiene unos estándares de vida acomodados al vivir con más de 10 dólares cada jornada. Hay que tener en cuenta que toda esa gente (cientos de millones de personas) que salen de la pobreza extrema se suman a estratos algo superiores aunque todavía pobres, por lo que se puede tardar décadas o siglos en que una sustancial mayoría de la población no viva en situación de necesidad.

Esto último es lo que explicaría el lento progreso de la reducción de la desigualdad en el mundo. Cientos de personas hoy han salido de la extrema pobreza en la que estaban instaladas hace unas décadas, pero sus rentas siguen siendo muy parecidas. Aunque su situación material es mejor, esto no se refleja en la reducción de la desigualdad, ya que países como China —el mayor «distorsionador» de estas estadísticas— han logrado aumentar poderosamente la renta en numerosos estratos sociales. De todos modos, con que un reducido grupo de personas haya sacado todavía más provecho del auge tecnológico y comercial de la potencia asiática, como así ha ocurrido, el resultado es una brecha ampliada. Aun así tenemos el enésimo ejemplo de que el mundo está hoy mejor que ayer y, probablemente, peor que mañana.

La mayoría de los inmigrantes no llegan a España en barca o saltando una valla fronteriza

Pongámonos en situación: imagina que tienes que emigrar de tu país. ¿Cómo lo harías para llegar a otro? Pensarás que depende de muchas cosas, claro: del lugar del que partes y al que quieres llegar, de tus recursos económicos para viajar, de si tienes que ir solo o con tu familia o, incluso, del propio contexto de la emigración (si hay una guerra, por ejemplo). Lo más probable es que tu plan inicial se asiente sobre algo legal, ya sea emigrar con un contrato de trabajo al lugar de destino, o bien entrar en el país como turista e intentar aprovechar la estancia para encontrar la fórmula legal. El caso extremo, cabe suponer, sería encontrar una forma de entrada ilegal, escondido en un vehículo o colándote por las fronteras marítimas o terrestres. Pero esta opción no solo entraña más riesgo de que te acaben descubriendo, también es bastante más peligrosa, e incluso puedes morir en el intento.

Entonces ¿cómo crees que llegan los inmigrantes? Porque de nuevo existen disonancias importantes entre lo que se piensa y lo que ocurre en realidad. En los últimos años, la crisis migratoria y de refugiados en el Mediterráneo ha inflado la percepción de que a la Unión Europea intentaba entrar un número bastante elevado de personas desde países de Oriente Próximo y el continente africano. Los países más afectados han sido Grecia e Italia, destinos de decenas de miles de personas que embarcaban en Turquía y Libia, respectivamente. España también ha vivido este fenómeno, aunque de una forma más particular. La llegada de embarcaciones a las costas del país ha sido más o menos habitual desde hace años, como también los intentos de entrar por tierra a través de Ceuta y Melilla, únicos enclaves de un país de la Unión Europea en el continente africano.

Las constantes imágenes de personas llegando de forma irregular a las costas españolas o intentando saltar las vallas fronterizas han reforzado la distorsión que en muchos aspectos se tiene de la inmigración en España. Esto, a su vez, ha llevado a la agenda política un debate que en muchos aspectos es falaz: la inmensa mayoría de los inmigrantes que llegan al país no lo hacen de la manera que vemos en nuestras pantallas y leemos en nuestros periódicos. En consecuencia, tenemos que discernir entre un fenómeno mayoritario invisible frente a otro, muy minoritario, pero a la vez muy visible.

Hay que tener en cuenta que el colectivo inmigrante tiende sistemáticamente a ser sobreestimado por los nativos del lugar. A finales del 2017, un estudio de la Comisión Europea a través de Eurostat evidenciaba esta cuestión: en todos los países de la Unión se pensaba que había más inmigrantes en el país de los que realmente había, con la única excepción de Estonia (aunque en Suecia y Croacia prácticamente se acierta el dato). España no sufre una de las mayores distorsiones, y «solo» estima un 23,2 % de población inmigrante cuando la cifra real es del 8,8 %, casi tres veces menos. A esta percepción tal vez hayan contribuido sustancialmente las distintas oleadas migratorias que el país ha experimentado en lo que va de siglo. La de mayor impacto se produjo a comienzos de la década del 2000, en pleno auge económico. Las entradas ilegales que contabilizó el Ministerio del Interior por vía marítima (la mayoritaria) en el 2006 alcanzaron las 39.000, aunque desde entonces no dejaron de bajar hasta llegar al mínimo histórico siete años después, con algo más de 3.200. Desde entonces han ido creciendo otra vez hasta escalar a las 57.500 en el 2018 y luego caer en el 2019 a menos de la mitad, 26.000 personas.

Esta situación, además de la atención mediática correspondiente, llevó a que la inmigración se situase como la quinta preocupación principal de la población española según el Centro de Investigaciones Sociológicas (CIS) en el verano del 2018. Paradójicamente, en la encuesta antes mencionada de Eurostat, solo un 27 % de los españoles afirmaban estar «bien informados» acerca de temas migratorios y de integración. Las percepciones y la desinformación volvían a encontrar un nuevo caldo de cultivo recogido en noticias simplificadas y discursos políticos alertando de una «invasión».

En el 2018, año en el que llegaron 64.200 personas de manera ilegal (vías marítima y terrestre), lo hicieron 643.000 legalmente, una cifra también récord, según los datos del Instituto Nacional de Estadística (INE). Es decir, solo el 9 % de las personas que llegaron a España ese año lo hicieron de forma irregular. No es un fenómeno extraño. En el 2013, con el mínimo histórico de llegadas irregulares, también supone el mínimo de las regulares (sí, existe correlación entre ambas variables). Ese año entraron 3.200 personas sin permiso y más de 280.000 con él. La proporción que suponían entonces las entradas irregulares fue de un 1,13 %. Con todo, esto sigue teniendo matices.

La mayoría de las entradas irregulares, por mar o por tierra, las protagonizan personas de países africanos por una mera cuestión de cercanía geográfica. Incluso con este factor sobre la mesa, las entradas regulares de personas nacidas en este continente siempre superaron a las irregulares, por lo que ni siquiera la segunda alternativa es una opción mayoritaria desde determinados destinos. Y podemos seguir profundizando. Si nos vamos al saldo migratorio (la diferencia entre las personas que llegan al país y las que se marchan), el impacto de la crisis económica durante la última década es más que evidente: entre el 2008 y el 2018, en seis de esos diez años salieron del país más personas de las que llegaron. Tal es así que en esta década el saldo migratorio de personas nacidas en España (la diferencia entre quienes se marcharon del país frente a quienes estaban fuera y volvieron) fue negativo en 358.000 personas. Dado que el saldo migratorio total del país en esta década es una suma de 336.000 personas, esto quiere decir que alrededor de 694.000 inmigrantes se han quedado desde entonces. De estos, 56.000 son de países africanos, o lo que es lo mismo, un 8 % del total.

En resumen, la mayoría de la gente llega a España como probablemente lo harías tú en su lugar o a cualquier otro país: por la aduana del aeropuerto o de un puesto fronterizo, con papeles y buscando simplemente un futuro mejor.

LA MAYORÍA DE LOS MIGRANTES AFRICANOS NI VIENEN NI QUIEREN VENIR A EUROPA

En el 2019 generó cierto debate, especialmente en los medios por lo jugoso del titular, el libro del periodista estadounidense Stephen Smith *La huida hacia Europa,* donde se afirmaba que en las próximas décadas y debido al enorme crecimiento demográfico del continente africano, cerca de 150 millones de sus habitantes querrían mudarse a Europa. Este dato pasó al argumentario de numerosos partidos extremistas europeos, ávidos de fondo intelectual para respaldar sus posiciones. Sin embargo, el propio autor reconocía que ese modelo está basado en una simple extrapolación de cómo se ha desarrollado durante los últimos tiempos la migración de México a Estados Unidos; una regla de tres aplicada a África y a Europa. Sacar conclusiones mediante un simple paralelismo entre dos contextos que a nivel geográfico, político, histórico, cultural y, por supuesto, económico no se parecen demasiado quizá no era la mejor manera de sostener un futurible desafío migratorio. Pero ahí quedaba la idea.

No es una novedad que en buena parte del imaginario europeo el continente africano se mantiene reducido a un simple emisor de población. Igual que existía el «sueño americano» durante los siglos XIX y XX, para África el sueño está en el Viejo Continente, como si existiese un deseo vital de emigrar hacia Europa porque en tierras africanas todo es desesperanza y horror. Pero, una vez más, los datos, los estudios y los hechos evidencian que a los habitantes africanos Europa les da un poco igual.

En el 2015, cuando el continente contaba con alrededor de 1.200 millones de almas, Naciones Unidas estimó que 33 millones (un 2,75 % del total) vivían en un país que no era el de nacimiento. De ellos, la mitad vivían en otro Estado del continente, mientras que el resto habían salido fuera de este hacía tiempo. Además, y de nuevo en contra lo que se pueda pensar, la mayoría de estos emigrantes no huyen de conflictos o catástrofes varias, sino que simplemente tienen una motivación económica. De hecho, en el África subsahariana existe un proceso acelerado de éxodo rural, pues el crecimiento de las ciudades con frecuencia hace que su valor como polo de actividad económica aumente, y esto, a su vez, lo convierta en un lugar más atractivo al que emigrar. Así, la mayoría de los migrantes en el África subsahariana se mueven hacia países vecinos con la intención de mejorar su nivel de vida. En muchos aspectos es normal: es más práctico, rápido, barato y las oportunidades están mejor optimizadas, ya que es probable que la lengua, las etnias o el contexto del nuevo lugar sean relativamente parecidos a los del lugar de procedencia, facilitando en mayor medida la integración de estas personas.

Además, a la hora de entender las migraciones en el continente africano hay que tener dos factores muy presentes: la geografía y la economía. El desierto del Sáhara crea una barrera prácticamente infranqueable: el norte de África (los países árabes) emigra fundamentalmente fuera del continente, sobre todo hacia Europa por su cercanía geográfica, y el África subsahariana se decanta por los países vecinos, no hacia el norte. Las personas que han atravesado el desierto para llegar a Libia y de ahí saltar a Europa son una minoría, pues no solo es un recorrido peligroso, sino también caro; por eso no todo el mundo se puede permitir emigrar. Tanta influencia tiene el factor económico, que no son los africanos más pobres los que se decantan por esta opción, sino aquellos que han escapado de la extrema pobreza y tienen un mínimo de poder adquisitivo y, normalmente, un mayor nivel educativo, lo que hace más sencillo sacar rédito de la emigración.

Así, el resultado es que en el año 2017 Naciones Unidas calculaba en 9 millones los africanos que vivían en Europa, menos de la mitad de los que emigraban dentro de su propio continente (19 millones) y menos también de la mitad de los emigrantes asiáticos que residían en suelo europeo (20 millones). Hasta la propia Unión Europea reconoce que la cuestión de la ola migratoria africana se ha construido sobre un mito que no se sostiene, ya que además los ritmos migratorios desde África se han mantenido estables durante las últimas dos décadas y por el momento no hay demasiados factores que inviten a pensar que eso vaya a cambiar.

Sí es cierto que de cara al futuro, y especialmente en el África subsahariana, hay varios retos importantes sobre el horizonte. El primero es la explosión demográfica del continente, que habrá duplicado su población para mediados de siglo; el segundo es el cambio climático, que forzará a muchas personas del ámbito rural a mudarse a las ciudades, acelerando las migraciones internas; el tercero sería el propio desarrollo económico de los países, que podría llevar a que determinadas capas sociales con un mínimo nivel económico busquen emigrar hacia Europa u otras regiones, como el golfo Pérsico. Pero lo cierto es que de esto no hay estimaciones oficiales debido a la complejidad del asunto. Una simple extensión del escenario actual nos llevaría a 18 o 20 millones de africanos en Europa para el 2050, quizá 25 o 30 millones si algunas dinámicas cobran más peso. Lo que parece claro es que para que llegasen 150 millones tendría que producirse una catástrofe o un crecimiento demográfico sin precedentes. Y el mundo, en muchos aspectos, sigue siendo bastante anodino y previsible.

No es infrecuente que las obras más densas sean también las más influyentes. Algo así pasa con *La ética protestante y el espíritu del capitalismo*, que el sociólogo alemán Max Weber publicó en 1905. En ella trazaba unos curiosos paralelismos entre la religión cristiana y el protocapitalismo que ya existía en la Europa del siglo XVI y trataba de entender qué fondo cultural o antropológico existía en las lógicas del sistema capitalista.

Weber venía a decir que en el catolicismo todo el mundo sabe si va a ir al cielo. Únicamente tienen que arrepentirse de sus pecados, y Dios, en su infinita misericordia, los perdonará. Esto, argumentaba Weber, no premiaba especialmente llevar una vida edificante, ya que hasta la peor de las personas podía salvarse si instantes antes de su muerte se arrepentía de todo lo que había hecho. Sin embargo, en el protestantismo —o en determinadas corrientes, como el calvinismo— esto no funcionaba así. Se partía de la base de que el futuro de cada uno ya estaba predestinado desde el nacimiento, pero el humano desconocía su destino. ¿Existía alguna forma de averiguarlo? No de una manera segura, pero sí aproximada. Se suponía que Dios premiaría a las buenas personas, aquellas merecedoras de ir al cielo, con una vida de abundancia y riqueza. Se establecía así una especie de correlación según la cual cuanta más riqueza y prosperidad lograse una persona, más cerca de la salvación eterna estaría. ¿Cómo buscar ese amor de Dios, entonces? Mediante el trabajo: trabajar sin descanso hacía más probable obtener una riqueza superior, un mensaje divino de la simpatía de Dios. Había nacido una filosofía que encajaba a la perfección en las lógicas del capitalismo, un sistema que premiaba el trabajo y la generación de riqueza.

Esto no hay que tomarlo como una causalidad directa en la que un país protestante es automáticamente rico y uno católico (o no protestante), pobre. Ni mucho menos. Pero pone las bases de la cosmovisión que se tuvo en buena parte de la sociedad occidental durante varios siglos. Tal fue así que cuando la emigración europea comenzó a colonizar lo que sería el germen de Estados Unidos, su forma de pensar viajó con ellos y echó raíces en el Nuevo Mundo.

Aquello que relataba Weber no es más que el antecesor directo de la idea del sueño americano. Esta lógica se resume en que cualquier persona, venga de donde venga, puede triunfar en Estados Unidos gracias a las infinitas oportunidades que tendrá debido a las enormes libertades civiles y económicas. Si trabajas duro, el sistema te premiará y serás rico. Pues no. Aunque esta fuese la idea imperante durante mucho tiempo, hace décadas que el ideal cayó al suelo y quedó hecho añicos. Porque lo cierto es que Estados Unidos es lo opuesto a una tierra de oportunidades.

Estamos hablando del sexto país más desigual de treinta y ocho que contabiliza la OCDE y el cuarto con mayor incidencia de la pobreza a pesar de ser la mayor economía del planeta. Los defensores de la pervivencia de esta lógica argumentan que esas cuestiones son el precio que hay que pagar precisamente para ser el país con mayor músculo económico, que no se puede crecer sin generar desigualdad. Sin embargo, y en cuanto a bienestar social se refiere, Estados Unidos mantiene unos niveles más parecidos a los de un país emergente que a los de una nación plenamente consolidada y desarrollada. ¿Por qué ocurre esto?

Pensemos que Estados Unidos, una vez se independizó, ha tenido un desarrollo relativamente tranquilo a lo largo del tiempo. Nunca sufrirá grandes invasiones (salvo en la guerra contra los británicos de 1812 a 1815) ni una destrucción del tejido productivo que trastoque su economía. De igual manera, su expansión hacia el oeste a lo largo del siglo xix les proporcionó una cantidad casi infinita de tierras y recursos, lo que a su vez permitió absorber sin ningún problema las distintas olas migratorias procedentes de Europa e integrarse de una forma más o menos sencilla debido a la alta proporción de inmigrantes. Precisamente lo contrario que sucedía en Europa durante ese siglo xix, plagada de guerras, revoluciones, hambrunas, pobreza y con una presión demográfica que abocaba a mucha gente a emigrar. En ese contexto, Estados Unidos tenía la fama de ser un lugar ideal, y en muchos aspectos era claramente mejor que el Viejo Continente. Había oportunidades laborales, libertad religiosa y, en general, una prosperidad económica que hacía relativamente sencillo medrar o, al menos, dejarles el futuro allanado a las próximas generaciones.

Sin embargo, este modelo apenas cambió. A pesar de que presidentes demócratas como Franklin D. Roosevelt o Lyndon B. Johnson trataron de crear amplios programas de bienestar para canalizar toda la potencia económica estadounidense a la población de una forma más justa, la irrupción de las lógicas neoliberales desde los años ochenta hizo que el sistema entero se orientase hacia una menor regulación del mercado, especialmente en el ámbito financiero. Sin embargo, en ese punto Europa ya se había dejado de guerras, revoluciones y hambrunas, y había abrazado sistemas de redistribución de la riqueza que, a costa de perder algo de potencia económica, conseguían proveer de un bienestar a la población mediante distintos servicios públicos y ayudas. La tierra de las oportunidades se había quedado obsoleta y el mito cada vez vendía menos.

Con la última crisis, las grietas de este sistema se han hecho más que evidentes. La clase media ha visto resentido su poder económico mientras la precariedad, la pobreza y la desigualdad aumentaban en el país. Figuras como el Nobel de Economía —que en realidad no es exactamente un Nobel— Joseph Stiglitz han criticado abiertamente el modelo que en muchos aspectos ha dividido en estratos fijos las clases sociales y ha roto muchas de las posibilidades de ascenso social que existían, pero no así las de descenso. Incluso el nivel educativo, hasta hace pocos años un refuerzo importante para mejorar la calidad de vida, se ha depreciado hasta influir menos que la herencia de los padres; la cantidad de recursos que se destinan a la sanidad —mayoritariamente privada— es desorbitada, ya que en Estados Unidos un 16,9 % del PIB se emplea en gasto sanitario, mientras que la media de la OCDE es del 8,8 % y en muchos países con generosos sistemas públicos de salud ronda el 10 %; si vemos las cifras dentro del país, todavía existen brechas importantes: hoy en día, un hogar de estadounidenses blancos tiene una renta media (68.000 dólares) un 70 % superior a la de un hogar de afroestadounidenses (40.250 dólares). Pero entendemos que el mito de la «pesadilla americana» no sea algo tan atractivo aunque sea más real.

3

Sociedad y religión
El ser humano y los dioses no son como crees

Quizá hubo un tiempo en el que las diminutas sociedades que existían en nuestro planeta eran sencillas de entender. Todos se conocían. Sin embargo, fueron creciendo, y ese desarrollo trajo consigo la complejidad. Llegaron extranjeros, se dejó de conocer al vecino, unos empezaron a adorar a un dios mientras otros hacían lo propio con una nueva deidad... Y ahí entró el desconocimiento, la desconfianza, el «nosotros» y el «ellos». Esto llevó a la rumorología, a creer que quienes estaban fuera de nuestra tribu eran sospechosos. Peligrosos.

Las cuestiones sociales, culturales o religiosas están plagadas de mitos que han arraigado fuertemente en nuestras mentes y conversaciones. Los extranjeros, los inmigrantes o quienes siguen otra fe a menudo se han convertido en el sujeto central de estas ideas preconcebidas que, como veremos, no se sostienen con ninguna evidencia científica.

Hace varios miles de años, entre 6.000 y 10.000, en la zona norte del mar Negro un ser humano sufrió una mutación que sería insustancialmente crucial en la historia de la humanidad. Un gen se trastocó y uno de sus descendientes nació con los ojos azules. Era la primera vez que ocurría algo así en el planeta. De aquel extraño ser surgieron los 150 millones de personas que hoy tienen los ojos azules. A pesar de que era una clara y evidente diferencia que tenía su explicación en los genes, no existen registros de que la gente de ojos azules haya sufrido alguna vez algún tipo de discriminación o persecución por ese hecho.

No obstante, como todos sabemos, si hay algo que persiste a lo largo de los siglos en el ser humano es la discriminación, y si hay algo más visible es la piel. De ahí que nuestra apariencia, normalmente por el color cutáneo, haya servido para infinitas categorizaciones en un sistema de razas, desde intentos extremadamente generales y burdos hasta clasificaciones sesudas y con pretensión científica. Pero ninguna ha servido para refrendar lo que buscaba, porque las razas humanas no existen. De todos modos, maticemos esto último: las razas humanas no existen como clasificación biológica ni antropológica. Un etíope no es de una raza distinta a un noruego, ni una persona china a una ucraniana. Sin embargo, las razas sí existen como una construcción social, como un mal invento humano para categorizar a nuestros semejantes y así intentar tener algo más claro ciertas agrupaciones.

La ciencia lo tiene claro desde hace varias décadas: los 7.500 millones de personas que habitan en el planeta son *Homo sapiens sapiens* y nada más, no hay nada por debajo. Sin embargo, desde hace siglos lleva calando la idea de que la especie humana es divisible según rasgos fenotípicos, es decir, que determinados genes y condiciones ambientales derivan en la constitución de grupos diferenciados de humanos, dando lugar a las distintas razas. Algunas de estas diferencias serían el color de la piel, la altura, el tipo de pelo o la forma de los ojos. Paradójicamente, a lo largo de todos esos siglos de clasificaciones el acuerdo entre quienes las iban realizando fue casi nulo, y cada poco tiempo surgía una nueva categorización que eliminaba la anterior. Ni siquiera Carlos Linneo, que desarrolló la taxonomía de los seres vivos, fue capaz de dar consistencia a este asunto. Y lo que los estudios han determinado con el tiempo —aunque algunos científicos del siglo XVIII o el XIX ya lo intuyesen— es que el concepto de raza no tiene sentido puesto que es imposible establecer criterios fijos y claramente delimitables para distintos seres humanos, y que las diferencias en apariencia eran una cuestión de adaptación al medio y no venían determinados genéticamente. El caso más claro es el de la piel.

Todo humano tiene un tipo de célula llamada «melanocitos». Dependiendo de cómo se combinen estos, la piel tendrá un tono u otro. Hace varios millones de años, nuestros simiescos antecesores no tenían demasiados problemas con la luz solar, ya que estaban alfombrados de pelo. La evolución hizo que lo fuéramos perdiendo y esto nos creó un serio problema. Nuestra piel clara, antes protegida por el pelo, quedaba terriblemente expuesta a los rayos solares de la zona ecuatorial de África (de donde venimos todos). En resumidas cuentas, nos estábamos achicharrando. Y ahí entraron los melanocitos. De forma progresiva, los homínidos de entonces comenzaron a tener la piel más oscura para bloquear los rayos del sol y evitar el daño que estos pueden hacernos si quedamos expuestos a ellos durante mucho tiempo. El problema ya estaba resuelto.

Sin embargo, nuestros antecesores decidieron emigrar desde el continente africano hacia el norte, y de ahí se expandieron a medio planeta. También alcanzaron latitudes frías, como el norte europeo, y ahí comprobaron que su piel oscura era un inconveniente, ya que rechazaba la poca luz que llegaba. De nuevo los melanocitos se pusieron a trabajar y poco a poco las generaciones sucesivas empezaron a palidecer su piel. Habían nacido los primeros «blancos». Era necesario, ya que la luz solar es imprescindible para sintetizar la vitamina D y prevenir el raquitismo. Así, el ser humano fue cambiando algunos de sus rasgos para adaptarse a distintos entornos, y por el camino ocurrieron unos pocos aunque leves cambios genéticos que no eran atribuibles a las características físicas de los individuos, como, por ejemplo, la intolerancia adulta a la lactosa, muy habitual en el este de Asia o en América, pero infrecuente en Europa.

Lo que el ser humano también percibió relativamente rápido era que nuestro aspecto suponía una forma sencilla de crear grupos a los que contraponerse. En Europa la población era mayoritariamente «blanca» —a pesar de que la apariencia contemporánea de los habitantes ibéricos o de la península Itálica pudiese distar bastante de ese ideal—, lo cual era muy diferente a buena parte de la población africana, que era «negra». Si a esta diferencia le añadíamos un trasfondo cultural, religioso o político, el marco estaba creado. Habían nacido las razas como construcción social, y, con ellas, el racismo.

Desde entonces, aunque carente de sustrato biológico, el racismo se ha consolidado como un factor clave en buena parte de las relaciones sociales actuales. Que nos perciban como diferentes depende en buena medida del color de nuestra piel o de determinados rasgos físicos que a menudo se asocian —de forma negativa— a ciertas zonas del planeta. A lo largo de los siglos, esto ha legitimado, mediante distintos argumentarios racistas, desde la colonización de continentes enteros por parte de los europeos hasta genocidios atroces. Pero todo estaba (y sigue estando) construido sobre una mentira. La mejor forma de superar esto bien podría ser como la pintada del artista Banksy: «Destruye el racismo; sé como un panda: él es blanco, él es negro, él es asiático».

La violencia de género y las violaciones no están desbocadas en el norte de Europa

La estadística tiene sus trampas. Si compramos un pollo para comer dos personas y una se lo come entero, las matemáticas nos dirán que, de media, cada persona se ha comido medio pollo. Es innegable. Pero también tiene sus limitaciones; por eso la corrupción se mide en función de cómo la percibimos, no en una medida real y objetiva, ya que no existe. Las corruptelas solo son medibles si se identifican uno por uno esos casos de corrupción, pero si permanecen bajo la mesa sin que nadie los descubra o denuncie, técnicamente no hay corrupción porque el fenómeno permanece invisible. De hecho, esta cuestión de las denuncias —o su salida a la luz— es un asunto clave en los sucesos delictivos. Si en un país no se denunciase ninguno de los robos que se producen, ¿a nivel oficial se habrían producido robos? Seguramente no, por lo que se podría concluir que es un país extremadamente seguro, cuando no es así.

A Suecia le pasa algo parecido. En el año 2017 —el último del que dispone datos Eurostat— fue el segundo país de Europa tras el Reino Unido con mayor ratio de violencia sexual (casi 189 casos por cada 100.000 habitantes); el segundo en violaciones (casi 70 por cada 100.000 habitantes) y el primero en agresiones sexuales (115 por cada 100.000 habitantes). Estos datos retratan una realidad terrible que distintos medios de extrema derecha por media Europa se encargaron de amplificar, relacionando estas cifras con la cuantiosa llegada de inmigrantes y refugiados que se estaba produciendo esos años a raíz de la crisis migratoria en el continente. Además, otros países nórdicos como Noruega, Dinamarca o Finlandia también arrojaban ratios muy elevadas en cuanto a violencia sexual. Incluso en la violencia contra las mujeres las cifras en estos países eran considerables: en un estudio que hizo la Unión Europea en el 2014, donde se preguntaba a las mujeres acerca de si habían sufrido violencia dentro o fuera de la pareja a lo largo de su vida, cerca de la mitad de las danesas, suecas y finlandesas afirmaron que sí, mientras que en lugares como la Europa mediterránea estas cifras caían hasta la mitad. ¿Qué estaba pasando ahí arriba? ¿Los idealizados países nórdicos se habían convertido en un infierno para las mujeres en comparación con el apacible sur europeo? Lo cierto es que no. Detrás de los datos existía un contexto que se estaba obviando y que explicaba los porqués.

La ley sueca ya era dura con los delitos sexuales cuando estas cifras fueron publicadas. Es más, no era un problema reciente, sino que venía de tiempo atrás y evidencia que estos altos datos no eran algo coyuntural relacionado con los migrantes. A pesar de ello, en la primavera del 2018 se decidió endurecer la ley para reflejar que en una relación era necesario un consentimiento explícito de ambas partes, como ya ocurría en otros países como el Reino Unido, donde las cifras son también muy elevadas. Por tanto, no se debe a una laxitud de la ley o de vacíos legales que pueden ser aprovechados de forma delictiva. En segundo lugar, Suecia tiene un sistema bastante particular para recopilar los datos de cualquier delito sexual: cuando una persona (mujer, en la inmensa mayoría de los casos) acude a denunciar distintas agresiones sexuales a lo largo del tiempo (por ejemplo, dentro del ámbito de la pareja), la policía tiene la obligación de registrar una por una esas agresiones, no tomar la suma de ellas como una sola. El resultado de este sistema es que tiende irremediablemente a engordar los números de delitos sexuales, aunque estos datos estén más cerca de la realidad, algo que otros muchos países no cuantifican del mismo modo. El tercer factor es social y probablemente sea el de mayor importancia. Gracias a la larga tradición de igualdad existente en los países nórdicos y a una mayor sensibilización pública de estas cuestiones, los tratos vejatorios o agresiones, así como la menor tolerancia a estos, se detectan mejor. Lo que en otro contexto cultural puede no ser percibido como violencia, o al menos no a un nivel suficiente para hacerlo público, en estos países no ocurre así. En consecuencia, para que se registren los datos del punto anterior es indispensable que la víctima vaya a denunciar. Si no lo hace, ese delito nunca ha existido a efectos estadísticos. Y el hecho de ir a denunciar no es solo una cuestión de voluntad personal; la sensibilización social con este tema permite que la persona que ha sufrido algo así no lo convierta en un tema tabú que deba esconder o quedarse relegado al ámbito privado, sino que debe ser llevado ante los tribunales de justicia. Precisamente ese factor social es el que explica la enorme brecha entre el norte y el sur de Europa.

No deja de ser algo cruel que en los lugares donde hay una mayor conciencia de que existen estos graves problemas, y donde se han abordado de forma más contundente, se perciba que la situación está descontrolada, y en cambio otros, donde esta cuestión probablemente todavía esté relegada al silencio de cada víctima, se perciban como lugares apacibles. A veces el conocimiento se hace trampas a sí mismo.

EN LOS PAÍSES NÓRDICOS NO HAY MÁS SUICIDIOS QUE EN EL RESTO DE EUROPA

En muchos países existe una práctica habitual en los medios de comunicación que es no generar piezas de información sobre suicidios. Distintos estudios han comprobado que cuando se trata el tema en periódicos, radio o televisión, después aumentan los casos por un «efecto imitación». Sin embargo es un debate espinoso, porque la propia Organización Mundial de la Salud (OMS) no recomienda silenciar este tipo de noticias, sino que simplemente pide, además de la sensibilidad que requiere el tema, no darle un lugar protagonista en la primera plana de los periódicos o abriendo los telediarios.

Estas precauciones parecen haber limitado algo el impacto de este problema de salud pública, que es una de las principales causas de muerte en el mundo, sobre todo en grupos como la gente más joven. Sin embargo, también han ocultado en buena medida esta realidad, y ello ha llevado a que exista un desconocimiento entre la población sobre muchas de las causas y cómo abordar adecuadamente el fenómeno. Y, por supuesto, también ha dado pie a mitos ampliamente extendidos sin ningún tipo de base científica. Uno de los más populares es que las largas noches que se dan parte del año en el círculo polar ártico tienen un impacto directo en el ánimo de la gente que vive por la zona. Esta situación, en el caso de países como Islandia, Noruega, Suecia, Dinamarca o Finlandia, explicaría que las tasas de suicidio fueran mucho más elevadas que en otras partes de Europa con más horas de sol, como los países mediterráneos. Así, la luz natural sería un factor determinante en esta cuestión. Pero lo cierto es que no. O, al menos, no de la forma que expone el mito. Groenlandia es uno de los territorios con mayor índice de suicidios del planeta, por eso se ha convertido en el epicentro de los estudios sobre el particular. Uno de los principales examinó cada una de las muertes por suicidio y las comparó con distintas variables para intentar averiguar qué podía haber detrás. Una de las conclusiones fue que estos sucesos aumentaban en verano, cuando hay muchísimas más horas de luz, no de oscuridad. Pero ni siquiera eran atribuibles simplemente a cuestiones solares, sino que en esos mismos meses aumentaba mucho el consumo de alcohol, y factores como el extendido número de armas entre la población (la caza es un motor económico de la zona) impulsaba este tipo de sucesos. El sistema social y económico creado por la colonización danesa había generado sus propios monstruos, que atacaban de plano la salud mental de los groenlandeses.

El mito de la oscuridad, por tanto, quedaba apartado. Pero esto no les quitaba el sambenito a los países nórdicos, que en el imaginario popular se les sigue señalando como puntos negros de muertes por suicidio. En el año 2015, la media en la Unión Europea era de 11 suicidios por cada 100.000 habitantes: Dinamarca estaba por debajo de esa cifra, con 10; Suecia y Noruega (que no es de la UE pero entra en muchas estadísticas), ligeramente por encima, con 12, y Finlandia e Islandia (tampoco está en la Unión), con 13. Así, todos los países nórdicos se situaban alrededor de la media comunitaria, no en cifras elevadísimas. Esta preocupante situación afectaba mucho más a otros países, como las repúblicas bálticas (Estonia, Letonia y Lituania), con una ratio de 16, 19 y 30 suicidios por cada 100.000 habitantes, duplicando e incluso triplicando los datos de algunos de los países nórdicos. También quedaban por encima de los norteños europeos países que no suelen asociarse a este problema de salud pública, como Francia, Croacia o Bélgica. Sin embargo, y de forma llamativa, los puramente mediterráneos (España, Italia, Malta, Grecia o Chipre) sí que estaban muy por debajo de la media europea. ¿Era casualidad o causalidad?

Lo cierto es que el suicidio es un fenómeno extremadamente complejo en el que convergen multitud de causas y factores de riesgo. Uno de los más importantes es el de la salud mental. Algunas investigaciones han apuntado que hasta un 98 % de las personas que se quitaron la vida presentaban algún tipo de trastorno mental, ya fuese en el comportamiento, por el abuso de sustancias o por padecer enfermedades como la esquizofrenia. Estos, a su vez, tienen una fuerte influencia de factores genéticos, aunque aquí también inciden algunos factores sociales o ambientales. Por ejemplo, existe una correlación entre las crisis económicas y las muertes por suicidio, especialmente cuando crece de manera considerable el desempleo; también se da en el género de las personas que lo cometen, ya que apenas existen países en el mundo donde las mujeres cometan más suicidios que los hombres, mientras que en el resto del planeta los suicidios masculinos duplican, triplican o incluso cuadruplican (como en Europa del Este) a los femeninos, según los datos de la OMS. Pero es que hasta los lugares donde se consume más alcohol también presentan por lo general niveles de suicidio más altos, al igual que aquellos donde hay un acceso sencillo a armas de fuego.

Con todo, no existe una fórmula mágica para abordar esta cuestión y puede haber múltiples explicaciones para cada contexto. El sistema machista que perjudica a las mujeres en multitud de ámbitos también perjudica a los hombres al otorgarles un rol social de proveedor de recursos a la familia, les exige unas actitudes que en muchos casos son nocivas a nivel psicológico y generan una presión que muchos no pueden gestionar adecuadamente. Esta circunstancia a veces acaba derivando en problemas de abuso de sustancias o trastornos como la depresión. Hasta las redes sociales —las reales, no las *online*— tienen su parte de influencia: estar solo y recibir la ayuda de familiares y amigos es fundamental para prevenir este fenómeno. En las sociedades del sur de Europa esta asistencia es fundamental; la gente cercana hace las veces de «sistema de bienestar paralelo» que permite que los individuos sigan integrados y manteniendo ciertos niveles de vida cuando el Estado no puede ayudarlos.

Al menos ahora ya sabemos que la oscuridad no juega un papel relevante y que los nórdicos no destacan precisamente en este problema, por suerte para ellos. Pero eso eran los mitos; ahora nos queda descubrir toda la realidad que hay detrás y que puede ayudar a mucha gente.

Un árabe y un musulmán no son lo mismo

Quienes viajan a las montañas de Marruecos o Argelia a menudo quedan sorprendidos por un hecho que en esa zona es relativamente habitual: nativos de pelo rubio, a veces incluso pelirrojos, e iris claros. Nuestros estereotipos nos invitan a pensar que los habitantes de esos países son de tez morena y ojos oscuros, y, efectivamente, hay mucha gente así; pero rompe completamente los esquemas que nos topemos con otros que bien podrían pasar por suecos. Son varias las causas que lo explican, aunque una de las más extendidas tiene que ver con la migración del pueblo vándalo. Allá en el siglo v, esta gente originaria de los alrededores del Báltico decidió traspasar las fronteras de un Imperio romano que se caía a pedazos, atravesar la Galia y llegar a la península Ibérica, donde se asentaron brevemente junto con otros pueblos bárbaros; más adelante pasaron al norte de África y establecieron un reino en el actual Túnez que los bizantinos destruyeron un siglo después. La cuestión es que este pueblo germánico, en menos de cien años, había viajado desde el norte de Europa hasta el Magreb actual, llevando también con ellos la religión cristiana.

Hoy, esa gente de rasgos escandinavos son en su mayoría árabes y musulmanes. Pero podrían ser árabes y no musulmanes, o musulmanes pero no árabes. Los ejemplos de estas diferencias se repiten por medio mundo, aunque a menudo hayan sido reducidos a un mismo concepto que incluso se intercambia gratuitamente. Pero no tienen demasiado que ver el uno con el otro.

Los musulmanes son los creyentes del islam, una religión nacida en el siglo VII d.C. en la costa occidental de la península Arábiga. Desde allí y a lo largo de los siglos siguientes se fueron expandiendo por todo Oriente Próximo, algunas zonas de Europa, todo el norte de África, parte del África subsahariana, Asia Central e incluso el Sudeste Asiático. Hoy esta religión cuenta con más de 1.800 millones de fieles (es la segunda del planeta después del cristianismo) y tiene una presencia prácticamente global. Con todo, a lo largo de su historia ha sufrido escisiones debido a distintas interpretaciones, aunque podrían resumirse en dos corrientes principales: los suníes y los chiíes.

Los árabes, por el contrario, son un grupo etnolingüístico que gira alrededor del idioma con el mismo nombre. Por lo que se sabe en la actualidad, esta lengua, procedente de la península Arábiga, ya se hablaba fuera de ella varios siglos antes del nacimiento de Mahoma en el siglo VI, por lo que en origen no tiene una relación directa con la religión, que también nació en el mismo espacio geográfico. Sin embargo, el árabe era la lengua de quienes expandieron el islam en sus primeros compases —y la única legitimada para escribir y leer los textos sagrados—, por lo que irremediablemente se fue implantando en otras zonas más allá de Arabia conforme los musulmanes fueron adhiriendo nuevos territorios al califato. Pero era solo eso, una lengua. Con el tiempo ha acabado haciendo referencia a todos los pueblos o países donde ese idioma es mayoritario sin considerar otras variables. Así, hoy los países (o pueblos) árabes van desde Mauritania, en la costa occidental africana, hasta Sudán, Omán o Somalia, pasando, por supuesto, por Argelia, Egipto, la propia Arabia Saudí, Irak o Líbano.

La cuestión es la siguiente: aunque los países sean árabes porque existe una mayoría lingüística que lo respalda, puede haber grupos minoritarios que no lo sean, como los kurdos o los distintos pueblos bereberes del norte de África. Incluso existen importantes minorías de árabes cristianos por todo Oriente Próximo, lo que evidencia que no es necesario que ambos conceptos —musulmán y árabe— tengan que ir de la mano.

Tan diferentes son estas realidades que los países con más musulmanes del mundo no son árabes. Indonesia, en pleno Sudeste Asiático, tiene poco de árabe (allí se habla indonesio, además de varios centenares de lenguas locales), pero es el país con más musulmanes del mundo, con alrededor de 265 millones de habitantes. A este le siguen Pakistán, la India y Bangladés; ninguno de ellos es árabe, y entre los tres suman cerca de 500 millones de fieles al islam. En quinto lugar vendría, esta vez sí, un país árabe, Egipto. Con todo, entre los diez países con más musulmanes del planeta solo hay tres árabes, un fiel reflejo de lo mitificada que está la errónea asociación a la que dedicamos estas líneas. Tal es el grado de confusión que no es infrecuente encontrar, incluso en medios de comunicación, la referencia de Irán o Turquía como países árabes. ¡No lo son! Irán es un país persa, el farsi es su idioma y su cultura, aunque con una influencia islámica muy significativa, tiene una impronta persa; por su parte, Turquía es simplemente turca, su lengua no es el árabe y los pueblos túrquicos proceden de Asia Central. Una concordancia de ese nivel sería tan extraña como decir que todos los cristianos tienen que hablar latín.

Los estereotipos suelen llevar a profundas decepciones. A nadie le gusta descubrir que algo no es como se había imaginado. Millones de turistas llegan a España cada año dando por sentado que se encontrarán un país devoto de las corridas de toros, el flamenco y dormir la siesta. Lo mismo ocurre con los alemanes, vistos como cuadriculados y obsesos del trabajo, cuando en realidad es el país de la OCDE que menos horas por persona trabaja a lo largo del año. Las posibilidades son infinitas. Y, como era de esperar, estos clichés también se aplican al mundo musulmán, que a ojos de muchas personas sigue suscitando una mezcla entre exotismo y desconocimiento.

Uno de los más extendidos es que la inmensa mayoría de las mujeres que profesan el islam, si no todas, llevan algún tipo de prenda que les cubre la cabeza, que a menudo denominan «burka». Sin embargo, esta prenda, minoritaria en muchos lugares, es un mal ejemplo para intentar reducir los códigos de vestimenta de la mujer en el mundo musulmán.

Hoy en día se denomina *hiyab* a la prenda que también se puede traducir como «velo islámico», y que cubre la cabeza y el pecho de las mujeres desde aproximadamente la pubertad. Este código tiene su origen en varias suras del Corán donde se indica que, además de vestir de una forma modesta, las mujeres deben «echar un velo sobre sus pechos». Sin embargo, este precepto tiene distintas interpretaciones y adaptaciones dependiendo de muchos contextos socioculturales, desde aquellos muy rigoristas hasta otros totalmente laxos. Porque esta prenda ni siquiera es exclusiva del islam, ya que otras religiones

95

abrahámicas, como el cristianismo en sus distintas corrientes, también obligan en sus sagradas escrituras a las mujeres a taparse la cabeza a la hora de rezar y, culturalmente, durante muchos siglos en el mundo cristiano ha sido habitual que las mujeres llevasen algún tipo de velo o pañuelo por unas razones bastante similares a las que mantiene hoy el islam.

Aunque el *hiyab* sea la prenda más reconocible y más común en los países musulmanes, existen otras que a menudo se confunden. Por ejemplo, el chador es una larga túnica, a menudo de color negro, muy utilizada en países como Irán e Irak entre las mujeres chiíes y, en general, en el mundo de cierta influencia persa (también en partes de Afganistán). Aunque llega prácticamente hasta los pies, deja las manos y la cara visibles. Esta prenda fue impuesta por el régimen teocrático que salió de la Revolución iraní de 1979, ya que hasta ese momento la dictadura del sah de Persia había tenido una aproximación al islam bastante más liberal, y al menos en los ámbitos urbanos se tendía a occidentalizar el país, también mediante la vestimenta, relegando prendas como el chador a un papel secundario. No obstante, en el ámbito rural todavía existía (y existe) una mayor prevalencia en el uso de este tipo de prendas, por lo que cuando el ayatolá Jomeini llegó al poder, el chador retomó el espacio público en todo el país.

Las corrientes más rigoristas del islam argumentan que la mujer también debe cubrirse el rostro en público, y el *nicab* es la prenda usada en este caso; no solo oculta la cabeza y el cuello, sino que también cubre gran parte del rostro, a excepción de los ojos. Además, este conjunto también se acompaña de una larga túnica que llega hasta los pies. Aunque su presencia no es extraña en el mundo musulmán, el *nicab* se usa más en los países de la península Arábiga, especialmente en Arabia Saudí (de hecho, procede de allí, aunque ya existiese en la época preislámica). Su uso entre las mujeres es más limitada cuanto más occidentalizado está el país, o bien si tradicionalmente ha abrazado alguna de las escuelas más moderadas del islam.

Por último tendríamos el burka. Es la prenda más rigorista, ya que ni siquiera deja a la vista los ojos, ocultos tras una rejilla para que la mujer pueda ver. Este tipo de prenda es enormemente inusual en los países musulmanes y su uso se da especialmente en Afganistán, donde sí tenía cierta tradición desde el siglo xx aunque no por cuestiones estrictamente religiosas. No obstante, con la llegada al poder de los talibanes a mediados de los años noventa, las mujeres tuvieron la obligación de llevarlo. Hoy ha quedado relegado, sobre todo, a las mujeres pastún, una de las muchas etnias que pueblan Afganistán.

Tanto el burka como el *nicab* han sido prohibidos en muchos países musulmanes y no musulmanes. El fondo de la cuestión tiene que ver principalmente con la seguridad, después de la ola de atentados suicidas cometidos en muchos países africanos por personas vestidas con un burka, lo que impedía la correcta anticipación de la amenaza (el hecho de que fuera prácticamente imposible identificar a la persona cubierta por estas prendas hacía que los ataques fueran enormemente sorpresivos). Esta cuestión también acabó trasladándose a Europa, y en países como Francia o Dinamarca no se permite llevarlas en espacios públicos.

Con todo, no pensemos que las cuatro prendas citadas son las únicas que existen en los países musulmanes. Además de las muchas variantes regionales o locales que existen, pues estas prendas tienen un origen previo al islam (con el valor cultural añadido), la opción de no llevar nada sobre la cabeza tampoco es infrecuente, especialmente en aquellos países de tradiciones más occidentales o en las ciudades, en las que suele imperar un ambiente más liberal. Así, en países como Turquía, Túnez o Bosnia es frecuente que muchas mujeres no lleven siquiera el *hiyab* aunque sean musulmanas, igual que en España la inmensa mayoría de las mujeres no van por la calle con un vestido de lunares y tocadas con una peineta.

La mutilación genital femenina no tiene nada que ver con el islam

El historiador de economía italiano Carlo Cipolla se hizo célebre fuera del mundo académico por distintos escritos, a menudo con un toque mordaz, sobre cómo y por qué la economía de nuestro mundo había evolucionado hasta la manera en que la conocemos hoy en día. Pero aún ganó mayor celebridad gracias a su «Teoría sobre la estupidez», que buscaba entender cómo se comportaban los actores económicos y qué poder podían llegar a ganar los estúpidos dentro de una organización, haciendo incluso que las acciones de esta se vieran influenciadas por ese pensamiento estúpido. Una de sus leyes fundamentales apuntaba lo siguiente: «Una persona es estúpida si causa daño a otras personas o grupo de personas sin obtener ella ganancia personal alguna, o, incluso peor, provocándose daño a sí misma en el proceso». Seguro que puedes encontrar algún ejemplo que te resulte conocido.

Efectivamente, el mundo está lleno de estúpidos. Cipolla no lo llevaba a un plano moral, ya que no era cuestión de ser buena o mala persona, sino a un plano utilitarista en tanto se obtenía (o se creía obtener) o no un beneficio.

La mutilación genital femenina es hoy una práctica que, según los cálculos de la OMS, han sufrido cerca de 200 millones de mujeres en el mundo, especialmente en el continente africano. Además de ser un ataque a los derechos más básicos del ser humano y que causa profundas secuelas físicas y psicológicas a muchas de las mujeres que lo sufren, está demostrado que los beneficios de esta práctica ascienden a la cantidad de… cero. No los tiene. Por tanto, podemos deducir que es una práctica, además de inhumana, estúpida.

Estos procedimientos se resumen en la lesión o alteración de los órganos genitales femeninos, especialmente los externos, con una finalidad que no sea de tipo médico. Este tipo de prácticas tienen en realidad un elevado componente cultural, ni siquiera religioso, sino una mera tradición local fundamentada, en muchos casos, en creencias, supersticiones o mitos sin ninguna clase de sustento empírico. Sin embargo, es tal el mito construido alrededor de estas prácticas que se ha llegado a creer que la mutilación genital femenina es algo propio del islam, pero no lo es, y tampoco es algo propio del cristianismo aunque se de en muchos países cristianos.

Unicef estima que, entre los años 2004 y 2015, una mayoría de mujeres adultas, de los quince a los cuarenta y nueve años, fueron sometidas a este tipo de prácticas en Somalia (98 %), Guinea (97 %), Djibouti (93 %), Egipto (87 %) o Etiopía (74 %), entre otros muchos países; también había importantes minorías en lugares como

Costa de Marfil (38 %), Nigeria (25 %) o Kenia (21 %). Estos porcentajes esconden detrás decenas de millones de mujeres que han sufrido uno o varios tipos de mutilación genital. La alarma de la OMS no se ha apagado, porque aunque en algunos lugares estos porcentajes estén decreciendo gracias a persistentes campañas en contra de la mutilación genital, entre el 2010 y el 2015 se detectaron elevados porcentajes de niñas menores de quince años que la habían sufrido, en alguna de sus variantes, en lugares como Gambia (56 %) o Indonesia (49 %) (recordemos, el país con más musulmanes del mundo). Por tanto, a pesar de que el fenómeno se puede estar reduciendo en términos porcentuales, existen miedos más que fundados de que si en las próximas décadas se desarrolla una explosión demográfica en el continente africano, aumente el número de mujeres que padezcan esta violencia.

Asimismo, hay que tener en cuenta que como este tipo de prácticas son más una costumbre social o cultural ligadas a la tradición y no tanto a un mandato religioso, es mucho más difícil revertirlas. Los estudios han establecido que la pobreza del lugar, el peso del mundo rural o los niveles de educación son factores relevantes para que se dé la mutilación genital femenina. Ni en el cristianismo ni en el islam existen preceptos legales que la amparen, sino que en muchos lugares se asocian a las fases de crecimiento biológico de la mujer y a los modelos culturales. Así, existen creencias —infundadas— de que la ablación disminuye la libido de las mujeres y las vuelve más recatadas, o la percepción de que determinados órganos sexuales externos son «masculinos» y, por tanto, impropios de la mujer, por lo que deben ser eliminados.

Las consecuencias de estas «operaciones» no pueden ser más desastrosas. Además de las complicaciones que pueden surgir en el momento de practicarlas y que pueden acabar con la vida de las mujeres, encontramos secuelas a largo plazo tales como infecciones, problemas menstruales y sexuales, mayores riesgos en un futuro parto y, por supuesto, los problemas psicológicos que tienen que atravesar muchas de ellas tras pasar por semejante trance.

Sería indiferente que la mutilación genital femenina estuviese o no adscrita a una religión concreta. Una práctica que sin ningún tipo de motivo daña a las personas debe recibir toda la atención necesaria para su erradicación lo más pronto posible, porque, adaptando otra de las leyes de Cipolla: «Una práctica [persona] estúpida es el tipo de práctica [persona] más peligrosa que puede existir».

La mayoría de los hombres musulmanes no están casados con cuatro mujeres

Si hay un sistema de bienestar tan antiguo como la humanidad misma es el de la comunidad. La familia, la tribu o «el pueblo» han supuesto, desde hace milenios, una mínima garantía de protección para aquellos individuos que pertenecían a ese grupo. Si sufrías una desgracia, la comunidad te ayudaba; si la comunidad estaba en peligro, tu obligación era defenderla.

Las costumbres de cada comunidad, algunas con más sentido que otras, tienen una enorme influencia en nuestra vida actual por distintas pautas culturales que hemos ido heredando. Como es lógico, las religiones están impregnadas de ellas al incorporarlas a su marco teológico cuando echaron a andar. El judaísmo, el cristianismo y el islam nacieron, además de como herramienta divina, como una forma de organizar la sociedad en sus distintos aspectos para que esta se comportase en el mundo terrenal como el dios de turno dispusiera. Así, no es extraño que las sagradas escrituras funcionen también como compilación legislativa de mandatos, prohibiciones y órdenes varias sobre las maneras en las que vivir la vida. Esos mandatos fueron ideados en un contexto concreto y respondían a las necesidades, costumbres y problemas de esa época. De ahí que intentar entenderlas, aplicarlas o criticarlas desconociendo cómo se originaron resulte poco deseable.

Uno de los mitos quizá más exagerados con el islam tiene que ver con la poligamia. No es raro encontrar la creencia de que los hombres musulmanes tienen más de una esposa, como si fuese lo más habitual del mundo. Esta desigualdad vendría a apuntalar las tesis de que esta religión tiene un fuerte componente machista, como si otros muchos preceptos no lo hubiesen dejado patente. Tal es este desconocimiento que lo que llamamos «poligamia» es, técnicamente, «poliginia», esto es, el matrimonio de un hombre con varias mujeres (al contrario que «poliandria», es decir, una mujer casada con varios hombres). Pero más allá de precisiones terminológicas, lo cierto es que no es habitual debido, justamente, a las condiciones que impone la propia religión.

En el Corán hay varios momentos dedicados a la poligamia. El principal está en una de las primeras suras, y dice: «Si teméis no ser equitativos con los huérfanos, entonces casaos con las mujeres que os gusten: dos, tres o cuatro. Pero, si teméis no obrar con justicia, entonces con una sola o con vuestras esclavas. Así, evitaréis mejor el obrar mal». En primer lugar, establece un límite de cuatro esposas, aunque eso no es lo relevante, sino el hecho de que se indica que estas tienen que ser tratadas por igual a todos los efectos. Si no, las escrituras ya recomendaban mantenerse monógamo para no contradecir estas palabras. Sin embargo, esta poligamia no es algo gratuito y tenía un porqué. La idea de partida era que en aquellos primeros compases del islam (recordemos, siglo VII) la situación era muy belicosa, y era relativamente sencillo que muchos hombres muriesen guerreando, dejando viudas y huérfanos en casa. La poligamia, por tanto, venía a solucionar desde la comunidad ese vacío, proporcionando un mínimo bienestar tanto a la viuda como a los hijos huérfanos en una nueva familia. Así, la idea originaria era no dejar a nadie de la comunidad atrás y no tanto una simple cuestión de que cada hombre pudiese acumular mujeres por capricho. Pero ya sabemos que el contexto cambia a lo largo del tiempo y las normas se adaptan (o no) a esas nuevas situaciones.

En la actualidad hay corrientes que defienden esta poliginia y otras que disuaden de practicarla por distintos motivos. Con todo, el porcentaje de hombres con varias mujeres es muy reducido desde hace décadas en el mundo islámico, y no deja de bajar, en buena medida condicionados por la situación económica de los distintos países. El único lugar donde todavía mantiene cierta preeminencia es en las monarquías del golfo Pérsico (Arabia Saudí, Kuwait, Emiratos Árabes Unidos, etc.), donde el rigorismo religioso que impera, unido a elevadas rentas per cápita, hacen posible que se dé este fenómeno con mayor facilidad. En otros países como Túnez, Turquía, Azerbaiyán o las repúblicas de Asia Central, esta práctica directamente está prohibida. Ya en su momento argumentaron que en pleno siglo xx era necesario renovar ciertas prácticas con mil trescientos años de antigüedad.

4

Guerras y conflictos
Los conflictos en nuestro planeta no son como crees

Sentirse inseguro es una sensación desagradable; no estar dubitativo, sino pensar que en cualquier momento te puede pasar algo a ti o a aquellas personas que te importan. Y eso, lamentablemente, es mucho más habitual de lo que parece, ya que abarca desde que te atraquen mientras regresas a casa hasta vivir en una guerra en la que puede caer una bomba sobre tu casa en cualquier momento.

Pero, a pesar de todo, el mundo no está tan mal como pensamos. De hecho, es probablemente la mejor época que jamás haya existido para aterrizar aquí. La violencia es cada vez menor, las guerras son más infrecuentes y la probabilidad de vivir el ocaso de la humanidad, más baja. Sin embargo, las noticias que nos llegan de forma constante no nos inducen precisamente a pensar eso, sino todo lo contrario.

EL BOTÓN NUCLEAR NO EXISTE

La idea de poder destruir el mundo en un instante es algo que ha seducido a megalómanos, directores de cine

y escritores desde hace infinidad de años. Es quizá la mayor muestra de poder que el ser humano puede tener. Hasta hace apenas ochenta años era algo utópico (o distópico, más bien), pero desde que el Proyecto Manhattan tomase forma y el presidente estadounidense Harry Truman diese la orden de soltar dos bombas atómicas sobre Hiroshima y Nagasaki, se hizo realidad. Teniendo una cantidad suficiente de esas bombas, era posible aniquilar la vida en nuestro planeta. Hoy, de hecho, las miles de ojivas nucleares que acumulan las distintas potencias atómicas son suficientes para exterminarnos varias veces. Y para ello solo hace falta pulsar un botón, el botón nuclear.

No obstante, resulta que no existe este mecanismo. Nunca ha habido un botón nuclear. Pensemos sobre todo en la inseguridad que supone: un botón es sencillo de pulsar accidentalmente, aunque esté protegido por una caja de cristal o similar, o en un arrebato de impulsividad. Así pues, los países que disponen de armas atómicas en sus arsenales se las han ingeniado para tener sistemas relativamente rápidos de accionar en caso de necesidad, pero, al mismo tiempo, lo suficientemente seguros para que un arranque de ira o un descuido no nos lleve a una guerra nuclear.

Lo innegable del caso es que la idea del botón nuclear existe en muchas mentes gracias al cine y la televisión. Eso de apretar un botón y arrastrar al mundo al borde de la desaparición es una imagen potente, pero se desconoce exactamente cuál es su origen. Al parecer, la primera mención del famoso botón se da en la carrera electoral hacia la Casa Blanca del año 1964. El demócrata Lyndon B. Jonhson, que sucedió a Kennedy tras su asesinato el año anterior, hizo referencia a ese botón al hablar de que un líder debe buscar como sea el modo de pulsarlo. Botones aparte, Johnson acabó ganando la presidencia frente al republicano Barry Goldwater. Años después, la idea del botón la retomó el presidente Richard Nixon durante la guerra de Vietnam. Desesperado por el escaso progreso de las tropas estadounidenses en Indochina, quiso hacer creer a los norvietnamitas que era un loco impredecible y que en cualquier momento podía pulsar el susodicho botón. De hecho, este no es el único mito relacionado con Nixon y las armas nucleares: es relativamente conocida la historia de que durante la batalla de Dien Bien Phu, una catástrofe militar sin paliativos que sufrieron los franceses en 1954 durante la guerra de Indochina, Estados Unidos ofreció a Francia varias armas nucleares para liberar a sus tropas del asedio al que las estaba sometiendo el Viet Minh (por entonces Nixon era vicepresidente de Eisenhower). Sin embargo, más allá de la rumorología no existen evidencias concluyentes que permitan sostener ese ofrecimiento. Incluso aplicando la pura lógica, el uso de armas nucleares, aunque fuesen tácticas, contra los vietnamitas que asediaban Dien Bien Phu habrían borrado del mapa también a los defensores franceses. Finalmente, en tiempos más recientes, quién sino Trump ha hecho referencia al famoso botón. Fue a raíz de un enfrentamiento verbal con el dirigente norcoreano Kim Jong-un, quien antes había advertido al presidente estadounidense de que tenía un botón listo día y noche en su escritorio; la salida de Trump fue acorde con su estilo: él tenía otro botón y era más grande.

Más allá de los botones, accionar el arsenal atómico no es tan sencillo como pulsar un interruptor, tirar de una palanca o girar una llave. Como es lógico, existen procedimientos a seguir para asegurarse de que la amenaza que hay que contrarrestar con armas nucleares existe y quien está dando la orden es realmente el presidente. En el caso de Estados Unidos, así como en la mayoría de los países con capacidad nuclear, el presidente o el primer ministro de turno goza de plenas capacidades para autorizar un ataque nuclear sin tener que consultar a otros poderes del Estado previamente. El motivo de esta omnipotencia es la pura supervivencia: si un país es atacado con armamento nuclear, apenas tiene unos minutos para lanzar un contraataque. Si el presidente necesitase de la aprobación del Parlamento, la reacción tardaría horas o días en darse, lo que probablemente provocaría la aniquilación completa de su país.

Lo primero que se necesita para lanzar un ataque nuclear es el dispositivo que lo active. En la Casa Blanca esa tarea recae en un militar que acompaña a todas partes al presidente cargando una pesada bolsa. En ella, además del mecanismo necesario para ordenar el lanzamiento de las armas nucleares, hay varios documentos que informan sobre el arsenal nuclear estadounidense y el número de víctimas que ese ataque puede ocasionar. Asimismo, por si hubiese una respuesta del enemigo, especifica una serie de lugares donde el mandatario y su familia pueden refugiarse del previsible holocausto nuclear. Pero aquí entra en juego otro elemento clave: «la galleta». El presidente lleva siempre consigo una tarjeta, que recibe ese curioso nombre, con los códigos para confirmar su identidad cuando quiera lanzar los misiles. Una vez el proceso se ha completado, los misiles están listos para ser lanzados. Y es una decisión que no se puede revocar (en Estados Unidos, el presidente es a su vez el comandante en jefe de todas las fuerzas armadas), aunque necesita de un cumplimiento por parte de la cadena de mando; en algunos casos se ha sugerido que los militares encargados de ejecutar ese ataque podrían negarse si consideraran que esa medida era excesiva o iba claramente contra los intereses estadounidenses. En otros países como Rusia, Francia, el Reino Unido o China, el sistema es bastante similar. Todos los presidentes llevan cerca un equipo de comunicación para lanzar u ordenar el ataque (menos traumático que activarlo ellos mismos) si se da el caso.

El mundo no está al borde de una guerra mundial

Cada año desde 1947, un reloj marca para el mundo entero lo cerca que está de la desaparición. Es el llamado Reloj del Juicio Final o del Apocalipsis, un funesto medidor que elabora el *Bulletin of the Atomic Scientists*, una organización estadounidense surgida al calor del Proyecto Manhattan, el cual desarrolló las primeras armas nucleares en Estados Unidos, y que trata de advertir del riesgo que tienen este tipo de artefactos.

El símbolo es poderoso: un minutero que se acerca a la medianoche, el momento en el que la humanidad quedará arrasada por una terrible tormenta nuclear. Aunque en las primeras versiones de esta revista la imagen era estática y el minutero siempre marcaba la misma hora, varios años después concluyeron que la idea sería mucho más potente si este se moviese, acercándose o alejándose del momento en el que todo acabaría. Así, desde 1949, cada año se actualiza ese minutero apocalíptico en función de los acontecimientos internacionales. El momento en el que nació no pudo ser más oportuno: el inicio de la Guerra Fría. Desde que Estados Unidos usó la bomba atómica sobre Hiroshima y Nagasaki en 1945, Washington gozó del monopolio de este arma, pero en 1949, el año en el que el minutero empezó a moverse, la Unión Soviética también desarrolló su propia capacidad nuclear, comenzando así una carrera armamentística que duraría más de medio siglo y que incluso se ha extendido hasta la actualidad.

Durante esa época de confrontación entre los bloques capitalista y comunista, el reloj ha tenido épocas más agoreras y otras de mayor relajación, coincidiendo la mayoría de las veces con los vaivenes de mayor tensión y distensión entre la Casa Blanca y el Kremlin. Si en su nacimiento el riesgo estaba a diez minutos de la medianoche, en 1953 se acercó a los dos minutos de la destrucción, coincidiendo con el desarrollo en ambas potencias de la bomba de hidrógeno, mucho más destructiva que los dispositivos nucleares inventados hasta entonces. Igualmente pasó por fechas críticas, como la crisis de los misiles en Cuba en 1962 —uno de los momentos en los que el mundo ha estado más cerca de una guerra nuclear—, la incorporación de nuevos países al club atómico —Reino Unido, Francia, China o la India— o los tratados entre estadounidenses y soviéticos que limitaban sus capacidades nucleares para evitar así carreras de armamento innecesarias o escaladas peligrosas. En los compases de menor peligro el reloj llegó a alejarse hasta los doce minutos para el nuevo día.

Sin embargo, el gran cambio se produjo con la desaparición de la Unión Soviética en 1991 y la serie de acuerdos entre Estados Unidos y la renacida Rusia para desmantelar parte de sus arsenales atómicos. Suponemos que aquellos hechos llevaron a que en la revista respirasen aliviados, lo que les llevó a marcar las 23:43 aquel año, que era la mayor distancia jamás ganada a las doce de la noche en la historia de este reloj. Los años noventa empezaban con una esperanza renovada en poder alejar para siempre la amenaza de una guerra nuclear sobre el ser humano ahora que Estados Unidos quedaba como única superpotencia en pie. Qué acertados y, a la vez, qué errados estaban.

En los últimos años hemos vivido una serie de episodios de tensión a nivel internacional que han generado un estado de opinión tendiente a creer que estamos cerca de un conflicto a gran escala, incluyendo uno nuclear. Los choques de Estados Unidos con Corea del Norte o con Irán, que incluso se han materializado en movilización de tropas por parte de la potencia estadounidense, han rescatado el viejo fantasma de que nos encontramos ante una guerra inminente y prácticamente inevitable, lo cual no es cierto. El ya mencionado reloj ha ido acercándose poco a poco hacia la medianoche en lo que llevamos de siglo, y hoy en día, según su criterio, solo cien segundos nos separan de ese fatídico instante.

Es innegable que el mundo hoy enfrenta amenazas y retos de enorme calado. Cuestiones como el cambio climático —que en la actualidad, a pesar de las advertencias, parece irreversible— van a tener un impacto a escala mundial y, en paralelo, van a suponer variables que transformarán multitud de aspectos de nuestro entorno cotidiano, así como en la geopolítica. Asimismo, la creciente tecnologización de nuestras vidas, desde el llamado «internet de las cosas» hasta el desarrollo de la robótica o la inteligencia artificial, va a hacer más dependiente al ser humano de la tecnología (y también más vulnerable por la vía de las ciberamenazas). Pero es que hasta cuestiones como la desinformación están jugando (y jugarán) un rol clave en la configuración de nuestras sociedades. La guerra —o la guerra a gran escala, al menos— no aparece como un factor a tener en cuenta. No quiere decir esto que hayamos logrado erradicar los conflictos armados, ni mucho menos, sino que, por distintas razones, recurrir a las armas se ha vuelto una opción demasiado costosa en muchos aspectos.

Hasta hace no demasiado tiempo, las lógicas imperantes en cuanto a la guerra eran algo básicas. Las posibles pérdidas eran sobre todo de seres humanos, y si no se tenía demasiada suerte y tu país era invadido, se añadía la destrucción que llevase a cabo el invasor. Sin embargo, también había mucho que ganar si se lograba invadir al oponente: arrebatarle territorios y hacerle pagar una cuantiosa suma de dinero por firmar la paz. Pero a medida que el mundo se fue volviendo más complejo gracias a la globalización, la posibilidad de conflictos armados se fue reduciendo. La razón era sencilla: si las consecuencias de entrar en guerra eran, además de arriesgarse a la destrucción que puede ocasionar la guerra moderna, enormes pérdidas en nexos comerciales o financieros, así como importantes sanciones internacionales, lo que se lograse obtener del adversario siempre iba a ser menos que lo que uno perdería en esa conflagración. En este mundo tan economicista que nació en la segunda mitad del siglo XX, hacer la guerra ya carecía de cualquier rentabilidad.

Para compensar este hecho, el mundo ha evolucionado de tal manera que ha encontrado formas nuevas de obtener de otros vecinos lo que antes se lograba mediante la amenaza de la invasión, y además sin generar la misma sensación de agresión, lo que supone el logro más sofisticado de todos. Así, las guerras tradicionales han sido ampliamente sustituidas por las guerras económicas. Dado que nuestro mundo actual flota sobre la economía, el punto débil para muchos está precisamente ahí, y aquellos países más fuertes pueden aprovecharlos a su antojo. Las sanciones a distintos regímenes autocráticos se han popularizado en un intento por hacerles cambiar determinadas políticas, y los pulsos comerciales, las escaladas arancelarias o las guerras de divisas se han convertido en la norma para obligar a otros países a aceptar las posiciones o intereses propios.

Si lo pensamos con cierto detenimiento, el mundo no vive un conflicto armado considerable entre dos Estados desde hace más de un cuarto de siglo, con la guerra entre Irán e Irak (de 1980 a 1988), o los primeros compases de la desintegración de la antigua Yugoslavia, a principio de los años noventa. Desde entonces, e incluso entonces, los conflictos han sido de índole interna (las guerras de Siria o Libia son un ejemplo), o bien los llamados «conflictos asimétricos», donde un Estado y un grupo no estatal (insurgentes, terroristas, narcotraficantes, etc.) miden sus fuerzas (caso de las guerras de Afganistán o Irak).

Así, el sistema internacional hoy es mucho más complicado que salte por los aires como pudo haber pasado en la Guerra Fría o como pasó doblemente en Europa durante la primera mitad del siglo XX. No existen enemigos antagónicos ni intrincados sistemas de alianzas, además de que todo el mundo es hoy mucho más consciente de lo que puede llegar a perder si se lanza a una guerra, aunque la gane. A pesar de esto, las armas nucleares siguen ahí, y miles de ojivas se acumulan en los arsenales de las distintas potencias nucleares. Quizá por eso el reloj no se puede alejar de la medianoche.

Al caer la noche del 14 de julio del año 2016, miles de personas se agolpaban en el Paseo de los Ingleses, que recorre en paralelo la inmensa playa de la ciudad francesa de Niza. Esperaban los fuegos artificiales que cada año se pueden ver sobre el mar por la celebración de la fiesta nacional de Francia. Pero esa fecha ha pasado a la historia porque Mohamed Lahouaiej Bouhlel decidió recorrer cientos de metros de ese paseo a toda velocidad conduciendo un camión y llevándose por delante a cuantas personas pudo. El balance final fue de 86 muertos —además del propio atacante— y más de 450 heridos.

Francia ya había sufrido importantes atentados en el año anterior, como el de la revista satírica *Charlie Hebdo* en enero, o hasta cinco ataques distintos en París en la noche del 13 de noviembre, incluyendo la sala Bataclan. El de Niza, sin embargo, era nuevo. Y sencillo. Un objeto tan cotidiano como una furgoneta o un camión se convertía en un arma. Para atentar ya no hacían falta explosivos o armas de fuego, que hasta entonces había sido la norma en Europa, sino que uno de los miles de vehículos que circulan por las ciudades se podía convertir en un arma en las manos equivocadas. Aquel suceso probablemente influyó en otras personas que se radicalizaron posteriormente, ya que en los años siguientes los ataques en Europa de este tipo no dejaron de aumentar. Berlín, Londres, Estocolmo o Barcelona fueron escenario de atentados similares. En determinados momentos entre el 2015 y el 2017, buena parte del mundo occidental quedó invadido por un estado de riesgo inminente, de obsesión por la seguridad. Parecía que el peligro acechaba en cada esquina y que el terrorismo mundial se cebaba con Europa, Estados Unidos o Canadá. Sin embargo, por alguna razón —«sesgos», se llaman— nos olvidábamos del resto del mundo y de la propia historia. El suelo occidental nunca había estado en una época tan pacífica y segura, por mucho que una serie de individuos se hubiesen empeñado en perturbarla usando explosivos o vehículos kamikazes.

En lo que llevamos de siglo y hasta el año 2018, dentro de la Unión Europea se han contabilizado 1.866 víctimas mortales en ataques de distinta índole y motivación (1.703 en atentados yihadistas). Si nos remontamos treinta años atrás, a 1970, y volvemos a ver la actividad terrorista en los dieciocho años posteriores (hasta 1988), nos encontramos que en Europa occidental hubo 4.777 muertos en atentados según los datos de la Global Terrorism Database; es decir, más de dos veces y media. Más allá de las cifras, el contexto era muy diferente y eso también afecta a nuestra percepción de la situación.

Quienes tengan recuerdo de aquellos años no olvidarán las noticias de la época. No era raro que todas las semanas grupos como ETA en España, el IRA irlandés, las Brigadas Rojas en Italia, la RAF en Alemania o incluso algún grupo islamista llevasen a cabo algún atentado o amenazasen con ello. La mayoría, además, eran asesinatos individuales contra objetivos más o menos definidos. Numerosas acciones, de forma constante y de bajo impacto —aunque con picos repentinos—, consiguieron que se «naturalizase» la actividad terrorista, asumiéndolo casi como algo cotidiano y que tenía sus propias reglas; por ejemplo, muchos ataques del IRA irlandés en el Reino Unido estaban precedidos por un aviso a la policía para evitar víctimas civiles. Sin embargo, ese tipo de terrorismo en Europa fue decayendo durante los años noventa y la primera década del siglo actual, y, al mismo tiempo, la percepción de seguridad que tenían las distintas sociedades.

El terrorismo cambió de rumbo y pasó a protagonizar atentados mucho más esporádicos pero de altísimo impacto y a menudo sin un objetivo o mensaje político concreto más allá de «castigar» a las víctimas. Los atentados del 11-S en Estados Unidos el 2001, el 11-M en Madrid el 2004 o el 7-J en Londres el 2005, todos llevados a cabo por Al Qaeda, empezaban a responder a esa motivación, aunque el extremo llegaría estos últimos años con los ataques llevados a cabo por personas inspiradas por el grupo Dáesh. La violencia ya era un fin en sí mismo. Atacar por atacar, por causar daño. Y con todo ello, tanto el número de atentados como las víctimas suponen una fracción casi anecdótica de quienes sufren el mal del terrorismo en todo el mundo.

En Somalia, entre el 2016 y el 2018, fueron asesinadas más de 3.700 personas en distintos atentados (el doble que en Europa en casi la décima parte de tiempo), la práctica totalidad llevados a cabo por Al Shabab, la filial local de Al Qaeda; en Afganistán esa cifra subió a más de 17.000 en esos mismos dos años, a un ritmo de 23 personas asesinadas cada día. Es tal el nivel de violencia que raro es el día en el que, repasando las noticias, no haya una referida a un nuevo atentado o ataque de los talibanes en el país centroasiático. Y la lista de lugares donde este fenómeno se da a una escala muy superior a la europea es larga: Malí, Nigeria, Irak, República Centroafricana o Siria son solo algunos de ellos. Por tanto, en Europa sigue siendo mucho más probable morir de un infarto, cáncer, un accidente de tráfico, un golpe de calor o a manos de tu pareja que por un acto terrorista.

El terrorismo yihadista no engloba
todo el terrorismo en el mundo

Allá por el año 2012 se hizo viral la campaña «Stop Kony» («Detengan a Kony») a raíz de un documental titulado *Kony 2012*. Su objetivo era hacer mundialmente conocida la figura de Joseph Kony, un líder guerrillero ugandés acusado de cometer innumerables crímenes de guerra en su larga trayectoria al frente del Ejército de Resistencia del Señor. Tal fue el impacto de esta campaña que Estados Unidos dedicó bastantes recursos en su busca y captura, aunque a mediados del 2017 desistió en el empeño debido a que Kony seguía a la fuga con un reducido grupo de partidarios.

Lo que era menos conocido es el trasfondo ideológico del huidizo guerrillero, que durante mucho tiempo operó entre Uganda, Sudán del Sur y la República Democrática del Congo: su motivación era implantar un régimen basado en los diez mandamientos bíblicos, un fundamentalismo religioso —cristiano, en este caso— que añadía elementos místicos y nacionalistas. Sin embargo, tras este relato de extremismo religioso se escondía poco más que un sádico que no dudaba en ir arrasando los lugares por los que pasaba y secuestrando o desmembrando a las personas con las que se encontraba. Pero el mundo también había conocido una realidad que no esperaba: en unos años en los que grupos yihadistas como Boko Haram o Dáesh sembraban el terror por África y Oriente Próximo, también existían otras organizaciones que habían interpretado de una manera bastante libre los textos religiosos para sacar una lectura violenta de ellos. Esta vez le había tocado al cristianismo.

La percepción general en cuanto a terrorismo religioso se refiere está estrechamente ligada con el islam. Porque la mayoría de los grupos que actúan hoy en día —como mínimo los que tienen un impacto real— son de inspiración yihadista, esto es, una de las interpretaciones más extremas, radicales y conservadoras que tiene esta religión, en la que se legitima el uso de la violencia con fines políticos o religiosos. No obstante, el éxito de estos grupos, que obedece a razones muy distintas más allá del componente religioso, no es muy diferente al que en otras partes del mundo, aunque sea de forma menos conocida, protagonizan otros grupos con motivaciones muy diversas, también religiosas. Porque puestos a sacar una lectura rigorista que legitime la violencia, cualquier religión o ideología puede servir si se retuerce lo suficiente.

Nadie duda de que el budismo es una religión tranquila y pacífica. A fin de cuentas, sus principales corrientes buscan el mayor conocimiento de uno mismo y la mejora del individuo, y quizá por ello nadie pensaría que los budistas pudiesen acabar arrasando pueblos y colaborando en uno de los últimos genocidios que ha vivido el mundo, pero nuestro planeta a veces arroja extrañas paradojas. Porque en Myanmar (antigua Birmania) se viene cometiendo de unos años a esta parte una concienzuda persecución contra la minoría étnica de los rohinyás, un grupo que tradicionalmente ha vivido en el sur del país pero que profesan el islam, a diferencia del resto de los habitantes, seguidores del budismo. La cuestión de fondo es que Myanmar, gobernada por juntas militares desde hace décadas, lleva un tiempo buscando cierta cohesión nacional, y uno de los elementos para lograrla es el budismo. En consecuencia, aquellos grupos que no encajan en esa lógica budista, como es el caso de los rohinyás, han sido señalados como una amenaza.

No es una violencia anecdótica. En el 2013, la revista estadounidense *Time* le dedicó una portada al principal instigador de la violencia budista en Myanmar contra los musulmanes. «La cara del terror budista», titulaba, con una foto de Ashin Wirathu. Se ponía así el foco en una realidad hasta el momento poco atendida: algunos monjes budistas extremadamente radicales estaban alimentando la persecución contra la minoría étnica de los rohinyás; los asesinatos en su haber se cuentan por centenares y las aldeas arrasadas, por decenas. La ONU no ha dudado en calificar estas actuaciones como un intento de genocidio, ya que el fin último es acabar con la existencia de esta minoría musulmana en suelo birmano. El resultado es que cientos de miles de estos rohinyás han tenido que huir del país por miedo a ser asesinados, y a finales del 2019 se calcula que más de 900.000 se encuentran en campos de refugiados en Bangladés, el país vecino.

Todo esto, no obstante, es una violencia con un fuerte componente religioso, e incluso con los grupos yihadistas pululando por medio mundo, continúan existiendo motivaciones muy distintas. La guerrilla naxalita (formada por varios grupos maoístas, una corriente marxista a partir del pensamiento de Mao Zedong) sigue teniendo en la India un papel relevante medio siglo después de que iniciara su labor insurgente; varios exdirigentes de las FARC anunciaron en el verano del 2019 que volvían a las armas en Colombia tras considerar un error el acuerdo de paz firmado entre la guerrilla y el Gobierno, y grupos como el Ejército de Liberación Nacional (ELN) continúan operando en la frontera entre el país cafetero y Venezuela.

Lo cierto es que la escalada de acciones terroristas en el mundo occidental la protagonizan grupos de extrema derecha. Durante los últimos años están tomando un papel cada vez más activo en distintos lugares del planeta, a menudo como reacción algo particular al terrorismo yihadista y alimentados por la creciente polarización social y política existente en muchos países. Hasta tal punto es así que también se ha demostrado un contagio entre los ataques que se producen. Grandes masacres causadas por supremacistas blancos o ultraderechistas de todo pelaje inspiran, a su vez, a otras personas que tiempo después llevan a cabo acciones similares. Entre los primeros grandes atentados de estas características están los de Noruega en el año 2011, donde 77 personas fueron asesinadas en Oslo y la isla de Utoya a manos de un fundamentalista de extrema derecha. A estos le seguirían una miríada de ataques en Estados Unidos (desde un tiroteo en una discoteca gay hasta un atropello durante una manifestación antifascista). Tal es el nivel de violencia política alcanzado en el país, que en los últimos años los ataques de inspiración ultraderechista causan más víctimas que los ataques de inspiración yihadista. La tendencia ha llegado incluso a lugares poco habituados a la violencia: en mayo del 2019 se produjo una masacre en dos mezquitas de Christchurch, en Nueva Zelanda, que dejaron 51 muertos. El responsable también era afín a grupos de la extrema derecha del país.

Con todo, esta época actual es claramente favorable al extremismo islamista, igual que las décadas posteriores a la Segunda Guerra Mundial lo fueron a la violencia de grupos extremistas a derecha e izquierda. Nuestro mundo cambiante fomenta determinados escenarios y penaliza otros a medida que se mueve. Pero los ecos del pasado, igual que otras realidades que resisten en los márgenes, siguen resonando y tienen su importancia.

El mundo no es cada vez más violento

En el año 2017 se realizó una encuesta en distintas economías desarrolladas con la intención de comprobar qué conocimiento había entre la población sobre diferentes realidades objetivas en el mundo. Una de las preguntas fue: «En los últimos veinte años, el porcentaje de población mundial viviendo en pobreza extrema...». Las posibles respuestas eran: «se ha reducido casi la mitad» «se ha mantenido más o menos igual» y «se ha casi duplicado». Piensa durante unos segundos qué respuesta darías...

En España, un 78 % de los encuestados contestaron que se había duplicado frente a un 3 % que sostenían que se había reducido casi a la mitad (por el medio quedaba el 19 %, que afirmaba que la pobreza estaba más o menos igual que a finales de los años noventa). Pues resulta que ese pequeño 3 % estaba en lo cierto, porque la pobreza en el mundo lleva décadas reduciéndose a pasos agigantados.

No era un error únicamente español. De hecho, en ninguno de los catorce países encuestados la opción correcta fue la mayoritaria, y en todos, con la excepción de Japón, el pesimismo era la norma. Lo que se buscaba no era otra cosa que estudiar la brecha que existe entre las percepciones que existen en nuestras sociedades y los hechos que están más que comprobados. ¿Por qué tanta gente percibía de una forma tan distorsionada hechos tan sencillos de comprobar?

No se trata de una cuestión de ignorancia, sino de sesgos. Si nos preguntásemos ahora si el mundo es hoy más violento que hace veinte o treinta años, ¿qué respuesta darías? Lo más probable, porque así lo evidencian las encuestas, sería respondernos que estamos peor. Mucho peor o un poco peor, pero, en resumidas cuentas, peor. Pues sentimos decir nuevamente que no es cierto.

Si a lo largo de los siglos se ha producido un avance civilizador sustancial, además de los progresos técnicos, es que hemos dejado de matarnos de forma habitual, ya sea por necesidad o por divertimento. En el mundo actual, aproximadamente un 0,7 % de las muertes se producen como resultado de un homicidio. Pero se trata de una media. En la actual Unión Europea todos los países están por debajo del 0,2 %, algo que también ocurre en Canadá o Japón, mientras que en Estados Unidos la cifra es la misma que la media mundial. La cara opuesta la muestran países como Venezuela u Honduras, donde este porcentaje de homicidios se acerca al 10 %, y en otros países cercanos como Colombia o México la cifra sobrepasa el 6 %.

Sin embargo, el mundo no siempre fue así. La Venezuela actual —el país con datos más elevados hoy en día— tiene unos niveles de homicidios bastante parecidos a la Italia renacentista o los Países Bajos durante el siglo XIV. Porque con los datos que conocemos, el hecho de matar al prójimo se ha vuelto un suceso más y más extraño conforme los siglos avanzaban. Aunque con repuntes esporádicos, en la Europa occidental se produjo un rápido descenso de los homicidios desde finales de la Edad Moderna (segunda mitad del siglo xv) hasta nuestros días, donde todos los países están prácticamente convergiendo en el cero.

Porque contra la tendencia a idealizar el pasado, cuanto más nos retrotraemos, peor es el cuadro que podemos ver. El mundo de hace siglos, o incluso de hace milenios, era extremadamente violento. En el México de los años previos a la llegada de los españoles, aproximadamente un 3 % de las muertes eran violentas, y los hallazgos arqueológicos por todo el mundo evidencian que era bastante habitual en distintas sociedades que un 15, un 30 e incluso un 50 % de las muertes que se producían tuviesen un motivo violento detrás. Como parece evidente, nuestra situación actual es bastante mejor en comparación con la que habríamos podido vivir si hubiésemos nacido en el año 1000 a.C., porque lo estadísticamente normal hubiese sido acabar nuestros días asesinados o atacados por un animal salvaje.

La percepción actual sobre los elevados niveles de violencia no está orientada tanto a la que podríamos sufrir si salimos a la calle como a la que padece el mundo en general. En cualquier espacio de noticias —sea digital, radio o televisión— es bastante probable que una o varias piezas estén dedicadas a un truculento asesinato, a una masacre en otro punto del planeta o al devenir de una de los varios conflictos armados que sigue padeciendo nuestro planeta. En definitiva, la presencia mediática de la violencia está muy por encima del impacto real que esta tiene sobre el mundo, lo cual agudiza la sensación de que el mundo está peor de como realmente está. Porque cabría interpretar que aunque «nuestro» mundo no está rodeado de violencia, el mundo en general, sí. Pues no, tampoco es cierto.

Desde la extinción de la Unión Soviética a principios de los noventa (justo el momento en el que podemos contextualizar la época actual, tanto generacional como históricamente) el mundo ha experimentado una ausencia de belicismo jamás vista. Los conflictos armados entre Estados han desaparecido, y los conflictos que sí se dan (los internos de cada Estado) presentan en su mayoría unos niveles de víctimas bastante bajos. Con las reservas que hay que hacer ante un mensaje tan idealista, la guerra prácticamente ha desaparecido de nuestro planeta. Al menos de momento.

El matiz que existe aquí, y que puede parecer paradójico, es que frente a una práctica ausencia de víctimas a raíz de conflictos armados, estos han aumentado en número. En cierto sentido, esto es lógico. Por los registros de que disponemos, las guerras hace siglos eran más infrecuentes y, por lo general, menos letales. De hecho, entonces era bastante más habitual que un soldado muriera víctima de cualquier enfermedad que en el campo de batalla. Así, a medida que el mundo empezó a interconectarse a principios del siglo XIX, los conflictos empezaron a aumentar y, con ellos, el número de muertos, pues las nuevas armas eran cada vez más letales. La realidad en pleno siglo XX era que había muchos conflictos que abarcaban desde la práctica intrascendencia hasta las dos guerras mundiales.

Esta situación cuenta, además, con otra pequeña ventaja: cada vez es menos probable que te llamen a filas para combatir. Aunque el servicio militar obligatorio sigue vigente en muchos países del mundo, se tiende a una progresiva profesionalización de los ejércitos, algo que, unido a la ausencia de grandes conflictos armados, ha alejado a la sociedad civil del mundo militar.

Ese escenario aparentemente incoherente es el que tenemos en el siglo XXI: hay muchos conflictos abiertos, sobre todo civiles, pero que apenas dejan víctimas. Muchos de ellos se caracterizan por acciones terroristas o ataques puntuales que dejan muy pocas o ninguna víctima, por lo que su impacto real es bastante menor que un conflicto de mayor intensidad. La única gran distorsión que se ha producido en los últimos años respecto a la tendencia general son las guerras surgidas en el mundo árabe a raíz de las revueltas ocurridas a partir del año 2011. La desestabilización en Libia, Siria, Irak o Yemen, a menudo aprovechada por grupos yihadistas para hacer de las suyas, ha derivado en guerras largas y de bastante intensidad que, además de desplazar a millones de personas de los lugares donde viven, han provocado decenas o centenares de miles de muertos entre combatientes y civiles. Sin embargo, esta situación, más que la norma supone una excepción a un camino muy marcado. Así que cuando pregunten para una encuesta la respuesta es sí, el mundo hoy está mejor que ayer.

La crisis de Venezuela no se explica por el petróleo

Hace siglos, o incluso milenios, el ser humano no entendía por qué pasaban muchas de las cosas que ocurrían a su alrededor, hasta las más sencillas que hoy entendemos sobradamente. La solución a este problema vino de la mano de los dioses: no podía haber otra explicación que la de una entidad suprema haciendo y deshaciendo a su antojo. Así, en Grecia era Zeus el que provocaba los rayos y los truenos, y en Egipto era Osiris el que premiaba o castigaba con las subidas del Nilo la devoción de sus habitantes. Hasta que la ciencia no avanzó lo suficiente, ese tipo de relaciones de causa-efecto se reducían a cuestiones que, vistas hoy en día, no tienen demasiado sentido. Sin embargo, aún seguimos creando esas extrañas asociaciones con otros sucesos.

Tendemos por naturaleza a querer comprender lo que ocurre en nuestro entorno, de ahí que se creasen los dioses. Pero todavía hoy, disponiendo de la ciencia, de multitud de datos, estudios, libros y expertos, necesitamos condensar toda esa información en píldoras pequeñas fáciles de digerir. Y a veces la jugada no sale del todo bien.

En este siglo se ha normalizado el asociar las guerras o distintas crisis a un deseo de controlar el petróleo, generalmente por iniciativa de Estados Unidos. La guerra de Afganistán en el año 2001 (que aún perdura) era por el petróleo; la invasión estadounidense de Irak del 2003, motivada por el petróleo; las guerras civiles en las que derivaron las revueltas árabes en Siria o Libia, también por el petróleo; la revuelta en Ucrania del Euromaidán que partió al país en dos, por el control del gas natural (que en este caso no deja de ser un primo hermano del petróleo); las tensiones recientes de Estados Unidos con Irán nuevamente tienen el petróleo en juego... La lista todavía es más larga.

Que el mundo fuese así de sencillo nos haría un favor a todos los que intentamos conocerlo mejor: una guerra en un país de Oriente Próximo, el petróleo; un conflicto en el este de Europa, el gas; tensiones en el golfo Pérsico, el petróleo. Pero lo cierto es que no sería muy distinto a decir que si truena es cosa de un dios, si llueve es la mano de un dios y si hay una sequía es por culpa de un dios. Relaciones de dos piezas en apariencia lógicas que en realidad esconden un puzle tan complejo como cierto, pero que por distintas razones somos incapaces de desentrañar.

Por este motivo el petróleo no es una variable protagonista en la inmensa mayoría de los conflictos de nuestro planeta. Hay veces que sí juega un papel más o menos importante (no ha dejado de ser un recurso valioso), pero lo hace en combinación con otros muchos factores. Al reducir las cuestiones a una única causa se incurre en dos errores importantes. El primero, otorgarle un poder desmedido a la potencia de turno, sea Estados Unidos, Rusia o la que se nos ponga por delante. Desde hace siglos los países actúan motivados fundamentalmente por dos razones: la supervivencia, que es el fin último, y sobre todo el interés. Si a un Estado le interesa determinado escenario o una política concreta, intentará buscarlos en la medida que pueda. Y el petróleo es, en muchos casos, un interés demasiado insustancial para que una potencia se mueva por él. Ahora explicaremos por qué. El segundo error es obviar completamente otros factores, a menudo internos, para entender ese conflicto que en nuestra cabeza se asocia al petróleo. Nadie diría que el auge del independentismo en Escocia es por el petróleo (este territorio aloja actualmente casi todos los yacimientos del Reino Unido), que las protestas ciudadanas en México son por un deseo extranjero de controlar su petróleo o que la llegada al poder de Bolsonaro en Brasil responde a un intento de determinados grupos de poder de hacerse con el control del crudo brasileño. Y afortunadamente nadie lo dice, porque ninguna de las tres asociaciones tienen sentido. En cambio sí se afirma para otros casos que tienen la misma solidez que los anteriores.

Vayamos a uno de los más conocidos y cercanos en el tiempo: Venezuela. El país sudamericano posee algo más de 300.000 millones de barriles de petróleo en reservas probadas según la Organización de Países Exportadores de Petróleo (OPEP), es decir, la cantidad que el mundo consumiría en algo más de ocho años manteniendo los niveles actuales. De hecho, son las mayores reservas probadas del planeta, más que Arabia Saudí, Rusia, Irán o el propio Estados Unidos. Y, como sabemos, desde el año 2013 el país está sumido en una importante crisis con varias aristas. Por un lado está la económica, con una creciente hiperinflación (según las estimaciones del Fondo Monetario Internacional, alcanzaría un 10.000.000 % en el 2019). Resumiendo: el bolívar, la moneda nacional, vale más como simple papel que lo que el número impreso en él pueda decir que vale. Esta situación, además de llevar a un deterioro considerable en la calidad de vida, genera profundos desabastecimientos de productos básicos, especialmente para aquellos sectores sociales más humildes que no tienen acceso a los dólares —una moneda que funciona en paralelo en varios países latinoamericanos frente a las volubles monedas nacionales—, así como una importante crisis migratoria por la que cerca de cuatro millones de venezolanos han abandonado su país en los últimos años.

Por otro lado tenemos la crisis política. Desde que Hugo Chávez falleciese en el 2013 y Nicolás Maduro ganase por un escaso margen las elecciones presidenciales que vinieron después, el país ha entrado en una espiral descendente. Al percibir la debilidad política de Maduro, la oposición ha intentado sacarlo del poder por distintas vías, algunas legales, como el proceso del referéndum revocatorio iniciado en el 2016, y otras violentas, especialmente a través de protestas y mediante un intento frustrado de golpe de Estado, como en abril del 2019. La respuesta del Gobierno de Maduro durante esos años ha sido totalmente defensiva y cada vez más antidemocrática: la instrumentalización de las instituciones del Estado en favor de su propia supervivencia política se ha vuelto la norma, y las manipulaciones electorales, una herramienta habitual para legitimar mediante las urnas su mandato, todo ello amparado en extensas redes clientelares dentro de la élite afín al Gobierno que han fomentado al extremo la corrupción y distintas actividades ilícitas, desde el tráfico de drogas hasta el contrabando de oro (Venezuela también es un importante productor de este mineral) o petróleo.

Por alguna razón existe un relato que reduce los dos párrafos anteriores únicamente a las maniobras de Estados Unidos, y estas, a su vez, a un deseo de Washington de controlar el crudo venezolano. Pero lo cierto es que los estadounidenses no necesitan su petróleo. En primer lugar, porque ya lo tienen. Cuando Hugo Chávez llegó al poder en Venezuela en 1999, ese año el país sudamericano envió un 76 % de sus exportaciones de crudo a Estados Unidos, una proporción habitual durante toda la década siguiente, y en el 2003 incluso alcanzó el 86 % de las exportaciones de petróleo. Siempre, ya gobernase Chávez o Maduro, Estados Unidos ha sido el principal cliente del petróleo venezolano. Esas ventas de hidrocarburos hacia la primera potencia económica mundial permitieron, aprovechando los elevados precios del crudo en los mercados internacionales, financiar las amplias políticas sociales que Chávez desarrolló durante buena parte de su mandato.

No sabemos si los dirigentes venezolanos hacían estas exportaciones con gusto, pero probablemente sí por necesidad, porque, cuando hablamos del «petróleo» venezolano, conviene hacer un matiz algo técnico pero que es importante: para poder utilizarlo, hay que refinarlo antes (para obtener, por ejemplo, la gasolina); el caso es que existen unos tipos de crudo ligeros y fáciles de refinar, como el de Arabia Saudí, y crudos pesados, más densos y que precisan de un tratamiento más complejo, que es el que se da principalmente en Venezuela. Asociado a este factor hay un componente económico: los crudos ligeros son más rentables porque necesitan menos tratamiento y, por tanto, son más baratos, mientras que los pesados requieren que el precio sea mucho más alto para obtener rentabilidad. La cuestión clave es que las refinerías venezolanas no tienen la tecnología necesaria para refinar ese crudo pesado que tanto abunda en su subsuelo, pero Estados Unidos sí. Chávez pudo haber invertido en las refinerías de la petrolera estatal para adaptarlas a nuevos tipos de crudo, pero no quiso. Optó por exportar crudo pesado a las refinerías estadounidenses porque había un margen de beneficio más que generoso y no se ocupó de invertir en el futuro. En consecuencia, cuando los precios del crudo se desplomaron, para Venezuela dejó de ser rentable extraer ese petróleo y ya era tarde para invertir en la renovación tecnológica. Resultado: el país no ha dejado de reducir su producción de crudo y, con ella, sus ingresos relacionados con la venta, agudizando todavía más la crisis. Asimismo, esta relación entre países tiene dos caras: ¿por qué querría Estados Unidos el petróleo venezolano? Porque lo necesita para su consumo, sería la respuesta más obvia. Y cierta. Pero ¿y si Estados Unidos no necesitase importar más petróleo porque es autosuficiente? Esto no es una quimera porque ya está pasando. Gracias al petróleo *shale* (el que hay que extraer mediante *fracking*) cada vez necesita importar menos crudo porque ya lo producen ellos mismos, y se calcula que en unos pocos años (antes del 2025) Estados Unidos será totalmente autosuficiente en materia petrolera. Además, Venezuela ni siquiera le supone una fuente imprescindible de crudo, ya que en el 2017, según el Observatorio de Complejidad Económica (OEC), era el quinto origen de las importaciones de petróleo estadounidense tras Canadá, Arabia Saudí, México e Irak.

Todo lo anterior no quiere decir que Estados Unidos no tenga intereses en Venezuela o que no maniobre en favor de un cambio de régimen político. Por sus acciones (sanciones económicas y un embargo petrolero) y declaraciones (reconocimiento de Juan Guaidó como presidente legítimo, entre otras) es evidente que sí. Y la motivación es relativamente sencilla, que no simple: Estados Unidos busca un cambio político en Venezuela en tanto que el régimen actual es diametralmente opuesto a sus intereses, y uno en el que gobernase la actual oposición sería enormemente afín. A efectos estratégicos, Venezuela es la puerta entre el Caribe y Sudamérica, y permitiría una mayor influencia en lugares como Colombia —ya alineada plenamente con los intereses estadounidenses— o Brasil —afín ideológicamente pero no en intereses—, una entrada comercial importante y la eliminación de uno de los principales referentes de la izquierda latinoamericana en lo que va de siglo. Por tanto, sí, intereses hay muchos, pero el petróleo no es uno de ellos.

Enrico Mattei fue el primer presidente de la empresa de hidrocarburos italiana ENI, entonces de titularidad estatal, a principios de los años cincuenta del siglo pasado. Poco tiempo después, hastiado por cómo se estaba configurando el mundo del petróleo de la época, acuñó el término Siete Hermanas para bautizar a las empresas del crudo occidentales que estaban actuando como un cártel, es decir, sin competir entre ellas y acordando políticas y precios para repartirse el mercado de una forma amistosa. Tal era el peso que tenían estas corporaciones, que sus actuaciones dejaban a ENI fuera del reparto de esa oscura y viscosa tarta.

Una de estas empresas que formaban parte del grupo al que Mattei apuntaba era la actual BP, antes British Petroleum, antes Anglo-Iranian Oil Company y antes Anglo-Persian Oil Company. El máximo antecesor de este gigante británico del petróleo había nacido en 1909, solo un año después de que un precario pozo se hubiese instalado en las montañas de Irán y, al expulsar una considerable cantidad de crudo de sus entrañas, supusiese el primer punto de extracción de petróleo moderno en toda la región de Oriente Próximo. A renglón seguido, proliferarían los pozos por toda la región, desde Irak hasta el desierto arábigo, especialmente cuando las empresas y los geólogos fueron conscientes de que la práctica totalidad de la zona se asentaba sobre mares de oro negro.

Desde entonces no cabe ninguna duda de que el petróleo ha supuesto una variable fundamental en el devenir de la región. Dos crisis llevan su nombre (la primera crisis del petróleo, originada en 1973, y la segunda, en 1979) y se convirtió en un elemento central en conflictos como la guerra entre Irán e Irak durante los años ochenta o, en tiempos más recientes, en el auge del grupo Dáesh en Siria y especialmente en Irak. Quizá por ese papel a menudo secundario pero prácticamente omnipresente en la zona, se ha acabado asentando la creencia de que los conflictos —y, por extensión, buena parte de los sucesos políticos o económicos— en esta parte del mundo vienen causados por el control del crudo. Esta relación no solo simplifica excesivamente los sucesos que se dan en Oriente Próximo, como ocurre también con la religión, sino que a menudo impide entender las causas reales que originan estas situaciones. Como añadido, también se puede incluir el rol de Estados Unidos: el historial de intervenciones de esta superpotencia en la región es ampliamente conocido, y a menudo, especialmente en los últimos tiempos, sus actuaciones en la zona se han asociado a su acceso a los hidrocarburos que se extraen en su suelo y aguas. Pero esta cuestión es, cuando menos, limitada. Y para entender su magnitud debemos remontarnos a la Persia de 1951.

Aquel año llegó al poder Mohammad Mossadegh como primer ministro, aupado por las clases populares y tolerado por un sah de poca altura política. En ese momento operaba en el país la Anglo-Persian Oil Company, que apenas dejaba regalías en las arcas de un país que durante mucho tiempo había orbitado bajo la influencia británica. Pero Mossadegh, con una fuerte impronta nacionalista y anticolonial, se había propuesto acabar con ese sistema. Y sabía que para modernizar el país y apartarse del peso de Londres era fundamental nacionalizar el petróleo. Y eso hizo. Como es evidente, semejante decisión no gustó lo más mínimo a los británicos, que pronto se pusieron a trabajar para deponer al primer ministro persa. Al no verse con la capacidad suficiente para hacerlo, solicitaron ayuda al presidente Harry Truman, entonces ferviente anticomunista y temeroso de la creciente influencia que estaba cobrando la Unión Soviética por medio mundo. La cuestión es que Mossadegh no era ningún comunista, pero eso, a ojos de los británicos, no iba a decidirlo él. El plan del MI6 —los servicios secretos británicos— fue convencer a la CIA de que Irán se estaba acercando peligrosamente a la URSS, y que detener esa deriva pasaba por sacar del poder al primer ministro. En Estados Unidos compraron la idea, así que se sumaron al esfuerzo británico. Unos meses después, en agosto, una operación conjunta de la CIA y el MI6 condujo a un golpe de Estado contra Mossadegh, su salida del poder y el inicio de la dictadura del sah. Estados Unidos había dado su primer golpe en Oriente Próximo, y una de sus causas había sido el control (británico) del petróleo.

De este modo empezaba a apuntalarse un mito que unos años antes había tenido su antesala en un acuerdo que, en el marco de la Segunda Guerra Mundial, habían alcanzado Estados Unidos y Arabia Saudí para que este último mantuviese constante el flujo de crudo; a cambio, Washington se comprometía a proteger militarmente a los saudíes. Había nacido una alianza cimentada sobre el petróleo que hoy es clave en la región.

No cabe duda de que en aquellas décadas de la Guerra Fría, Estados Unidos mantenía un férreo interés en el petróleo. Sin embargo, estaba orientado a una cuestión estratégica y de estabilidad económica más que a recabar para ellos el crudo. La Unión Soviética, su rival, sí poseía importantes yacimientos con los que lograba cierta autosuficiencia y podía nutrir a sus aliados; Estados

Unidos, no. Especialmente Europa occidental, que atravesaba una fragilidad económica importante tras la guerra, necesitaba un petróleo estable. También los estadounidenses. Por todo ello, en Washington no se podían permitir disrupciones ni en la producción ni en el precio de los hidrocarburos. Todo debía ser lo más estable posible.

Este planteamiento se evidenció pocos años después, en 1956, cuando el presidente egipcio Gamal Abdel Nasser nacionalizó el canal de Suez para aumentar los ingresos del Estado y fortalecer la posición geopolítica del país. El Reino Unido y Francia invadieron la zona para recuperar el control, pero tanto Estados Unidos como la Unión Soviética presionaron para que la guerra finalizase (en favor de Egipto, que retuvo el paso del mar Rojo al Mediterráneo). El flujo de crudo hacia Europa, que transitaba por esta vía, no se podía permitir un conflicto en un punto tan crítico. Sin embargo, en estos mismos años se produjeron varios de ellos que poco o nada tenían que ver con el petróleo, como las guerras árabe-israelíes o la guerra civil yemení durante buena parte de los sesenta.

En tiempos más recientes han sido los conflictos de Siria y el auge de Dáesh en Irak los que han captado una mayor atención y han suscitado explicaciones que ponen el control del petróleo como centro del problema. En el caso sirio coinciden una serie de factores: las revueltas en otros países árabes habían alimentado el malestar entre la población y cierto contagio en los deseos de reforma política (que ya existían anteriormente); por otro lado, desde hacía unos años se venían produciendo una serie de importantes migraciones hacia las urbes procedentes del campo debido a una serie de malas cosechas, lo que había hecho aumentar los problemas de índole urbana y ese malestar que luego estallaría. Como añadido, el Gobierno de Basher al-Ásad llevaba varios años haciendo importantes reformas —incluyendo recortes— para dinamizar su economía, por lo que más allá de las apariencias, la Siria de principios de este siglo no era un régimen especialmente «antioccidental», sino que estaba alineada con muchos planteamientos de las lógicas neoliberales que la época marcaban. Por tanto, y sin obviar que Siria tiene una reducida producción y reservas de crudo y posee un bajo valor en la geopolítica del petróleo a nivel regional, la influencia de los hidrocarburos en su conflicto es escasa.

El caso de Irak es algo distinto, aunque igualmente alejado del crudo. Cuando Estados Unidos echó a Sadam Husein del poder en el 2003 con una invasión argumentada sobre la existencia de unas armas químicas que nunca fueron reales, el delicado equilibrio político-religioso del país quedó trastocado. Los generales y altos cargos políticos de Sadam —suníes, muchos de ellos— fueron despedidos, y la mayoría chií del país comenzó a copar los puestos de poder bajo la protección estadounidense. Esa expulsión, unida a otros factores como la corrupción, la destrucción causada por la guerra o la falta de oportunidades, llevó a un resentimiento y una radicalización de muchos suníes que veían cómo el Irak que conocían les había sido arrebatado. En esos años posteriores a la invasión, la entonces filial local de Al Qaeda, además de tener una intensa y mortífera actividad en el país, se fortaleció, y tanto el grupo terrorista como los militares expulsados años atrás se encontraron en el camino. Unos sabían cómo manejar un ejército y buscaban reocupar el Estado; otros buscaban llevar su particular yihad a toda la región, y tenían recursos para ello dada la evidente fragilidad de los países de la zona en esa primera década del siglo XXI. Solo era cuestión de dar el paso. Así pues, la marca iraquí de Al Qaeda se reconvirtió en un grupo independiente llamado Estado Islámico de Irak y el Levante. En los años posteriores conquistaron buena parte del país —también de Siria— y se nutrieron del petróleo —aunque nunca llegaron a tomar los grandes pozos de Irak— para, mediante el contrabando, financiar su actividad.

La cuestión de fondo, no obstante, sigue siendo una: el peso que la OPEP, formada por Estados de la zona de Oriente Próximo en su mayoría, sigue teniendo sobre el mercado que controla. Y lo cierto es que cada vez es menor. Si a principios de los años setenta controlaban más del 50 % de la producción mundial de crudo, hoy está por debajo del 30 %, lo que les confiere un peso geopolítico sustancialmente menor. En el clímax de su poder político, estos países llegaron a aprobar el embargo de crudo contra Estados Unidos por su apoyo a Israel en la guerra de Yom Kipur durante 1973, lo que impactó de lleno en las economías occidentales. Tal fue el daño económico ocasionado, que Estados Unidos se llegó a plantear invadir Arabia Saudí y otros países vecinos productores de petróleo para restablecer el suministro.

Este fue otro de tantos ejemplos donde el crudo sí jugó un papel central, frente a otros muchos, especialmente de peso interno, donde el oro negro apenas tenía importancia. Porque Oriente Próximo no se explica por el petróleo, sino «junto con» el petróleo. Todo ello no quita para que el valor de este recurso sea altísimo; Enrico Mattei lo comprobó bien. Sus tratos con argelinos o soviéticos generaron profundos resquemores en la CIA y los servicios secretos franceses. El 27 de octubre de 1962, su avión se estrelló a poca distancia del aeropuerto milanés de Linate. En el momento se atribuyó el accidente a las malas condiciones meteorológicas y a un error humano, aunque investigaciones llevadas a cabo décadas después concluyeron que una explosión dentro del aparato provocó este accidente. Apenas quedaron pruebas y todavía hoy se desconoce quién estuvo detrás de este más que probable asesinato. Además del petróleo, claro.

SUIZA NO ES UN PAÍS NEUTRAL Y PACIFISTA

La última vez que Suiza luchó en una guerra, Napoleón trataba de invadir Rusia. Como sabemos, el emperador francés no logró su objetivo y Europa recobró su orden anterior. Pero Suiza —entonces República Helvética— había quedado en una posición bastante comprometida, ya que Francia la había utilizado como Estado-satélite y las potencias vencedoras buscaban cierta revancha. Los representantes helvéticos hicieron una llamativa oferta: su país se comprometía a mantenerse neutral en los asuntos europeos si a su vez el resto de los países del continente acordaban no meter nunca más a Suiza en sus disputas. Dicho y hecho.

Desde entonces Suiza se ha erigido como un baluarte de la neutralidad. Ha conseguido esquivar durante dos siglos los grandes conflictos del continente europeo —un reto solo igualado por Suecia— y ha logrado hacer del país un polo de atracción para las finanzas mundiales y múltiples organizaciones internacionales precisamente por ese carácter neutral, que otorga cierta seguridad a quienes deciden apostar por el país alpino. Lo que también ha conseguido de paso es que esa imagen de neutralidad se asocie a un carácter pacífico y a que parezca un país poco dado a la belicosidad. Sin embargo, existen una serie de cuestiones que permiten dudar del pacifismo suizo y también de su política de neutralidad.

En primer lugar, hay que conocer qué papel ha jugado Suiza en la historia europea y el valor de su situación geográfica. Desde hace siglos, la confederación ha sido un territorio que vivía por y para la guerra. Hasta tal punto perfeccionaron ese «arte» que durante buena parte de la Edad Media y principios de la Moderna, una de las principales actividades económicas de los cantones suizos era proveer de mercenarios a los distintos ejércitos europeos. Sin embargo, con el auge del mosquete y la artillería el valor de los piqueros helvéticos fue decayendo, aunque durante varios siglos las compañías suizas estuvieron enormemente cotizadas entre los ejércitos europeos. Tal era así que desde el año 1506 la guardia personal del papa de Roma es la famosa Guardia Suiza.

La cuestión es que esa relación entre el pueblo suizo y la guerra nunca ha desaparecido. Durante la Primera Guerra Mundial, Suiza llegó a tener movilizados a casi 250.000 hombres en previsión de una invasión francesa, alemana o italiana (la población del país entonces rondaba los 3,5 millones de habitantes), y durante la Segunda Guerra Mundial, esperando una invasión de Hitler que nunca se produjo, esta cifra ascendió hasta el medio millón de hombres (aproximadamente un 25 % del total que tenía el país, contando ancianos y niños). Precisamente por ese factor Suiza se pudo mantener al margen; nadie quería invadir un país extremadamente montañoso defendido por cientos de miles de habitantes perfectamente entrenados para combatir y con un arma en cada casa. Si Suiza hubiese tenido un ejército ridículo con vistas a reafirmar su neutralidad, es bastante probable que antes o después un país extranjero hubiese puesto un pie en sus valles (la Alemania nazi, por ejemplo).

Esta especie de autarquía militarista también llevó a extrañas situaciones. Con vistas a mantener la autosuficiencia en el plano militar, el país helvético desarrolló una importante industria armamentística, lo que les dotaba entonces de recursos, y años después ha posicionado a Suiza como un relevante exportador de armamento a nivel mundial (entre los quince más importantes); sigue formando parte de los pocos países de Europa occidental que mantienen el servicio militar obligatorio entre su población junto con Austria y los países nórdicos (Dinamarca, Suecia y Noruega), y durante toda la Guerra Fría estuvo valorando distintas fórmulas para adquirir armas nucleares y así protegerse de una hipotética confrontación mundial. Sin embargo, por distintas dificultades de financiación y algunos accidentes con reactores experimentales, aquel proyecto nunca cuajó y fue abandonado a finales de los ochenta.

Hoy Suiza parece haberse olvidado de las armas nucleares (de hecho, ha firmado numerosos acuerdos para la desnuclearización del planeta), pero la lógica de estar armados hasta los dientes para disuadir a los vecinos de una invasión no ha desaparecido. Una de las prerrogativas del servicio militar helvético es que los reclutas pueden llevarse su arma reglamentaria a casa una vez hayan servido el tiempo necesario. El resultado es que, según la organización Small Arms Survey, en el país helvético hay entre 3,4 y 2,33 millones de armas de fuego en los hogares, o lo que es lo mismo, que aproximadamente entre un 50 y un 27 % de los suizos tienen un arma, lo que convertiría al país en el tercero más armado del mundo por habitante después de Estados Unidos y Yemen.

En cuanto a la neutralidad, no se puede negar que existe un debate abierto entre la sociedad helvética, y que ellos mismos han ido suavizando su premisa inicial con el paso del tiempo. La lógica de la que partían en el siglo XIX era la de que Suiza sería neutral si no tomaba parte en ningún conflicto o disputa que surgiese. En un mundo donde las relaciones entre Estados se limitaban a guerrear o a comerciar unos con otros, era bastante sencillo mantener esa postura. Sin embargo, a medida que el mundo se ha vuelto más complejo, la teórica neutralidad suiza ha quedado totalmente obsoleta. Aunque la entrada en organizaciones internacionales se ha de votar en referéndum, los suizos acabaron aceptando la entrada del país en la ONU ¡en el año 2002!, mientras que diez años antes habían aceptado integrarse en el Fondo Monetario Internacional y el Banco Mundial. Para los más ortodoxos, estas integraciones suponen una traición a la neutralidad al tomar parte en organizaciones con intereses propios; por el contrario, los más aperturistas argumentan que participar de sistemas donde ya está todo el mundo no es tomar parte, es simplemente reincorporarse a la arena mundial. La auténtica neutralidad se daría si Suiza fuese un país absolutamente autárquico, no se relacionase con nadie y no tomase partido por nadie en ninguna cuestión. En tanto que participa de tratados internacionales, organizaciones y acuerdos, toma una posición política y asume determinados compromisos de parte. Por mucho que intenten perpetuar el mito, Suiza hace mucho que dejó de ser neutral, pero a ver quién es el valiente que se lo cuestiona sabiendo que en cada casa tienen un arma.

Quienes conozcan la ciudad de Venecia o su carnaval estarán bastante familiarizados con la imagen de un tipo concreto de máscara: aquella con una nariz extremadamente alargada, similar al pico de un pájaro. Esa protección era la que comenzaron a usar los médicos de la ciudad a finales del siglo XVI, cuando estalló un brote de peste. Aquellos galenos sabían que no debían acercarse demasiado a los enfermos, por lo que la nariz alargada ayudaba a mantener cierta separación. Lo que no sabían exactamente era por qué no debían acercarse. En esa época la experiencia todavía solía tener bastante más peso que la ciencia, y era precisamente porque la relación de Europa con la peste no estaba exenta de ejemplos. A mediados del siglo XIV, la famosa peste negra acabó con, al menos, un tercio de la población que vivía en el Viejo Continente. Y eso que en cierta medida la región estaba acostumbrada, ya que la llamada Plaga de Justiniano (también de peste) pudo acabar con cerca de una cuarta parte de la población mundial entre los siglos VI y VIII, cebándose especialmente con el Imperio bizantino (de ahí el nombre).

Sin embargo, para cuando los médicos venecianos habían aprendido cómo lidiar —de forma muy precaria— con la peste, en el continente americano ya se había producido una catástrofe demográfica sin precedentes y por motivos más o menos parecidos. Su origen: la llegada de elementos extraños a ese mundo que portaban enfermedades hasta el momento desconocidas. En Europa fueron las ratas dentro de los barcos de comerciantes que venían de Asia; en América fueron los propios conquistadores españoles que comenzaron a desembarcar en sus costas entre los siglos XV y XVI.

En pleno debate sobre la bondad o maldad del impacto de la conquista por parte de la monarquía hispánica de buena parte del continente americano, existe un factor concreto que ocupa buena parte de este: determinar si los conquistadores llevaron a cabo un genocidio contra los nativos americanos. Más allá de leyendas negras o blancas, existen ya algunos consensos y hechos que no encajan demasiado bien con la idea de un genocidio.

La Convención para la Prevención y la Sanción del Delito de Genocidio de 1948 lo define como «cualquiera de los actos mencionados a continuación, perpetrados con la intención de destruir, total o parcialmente, a un grupo nacional, étnico, racial o religioso, como tal: matanza de miembros del grupo; lesión grave a la integridad física o mental de los miembros del grupo; sometimiento intencional del grupo a condiciones de existencia que hayan de acarrear su destrucción física, total o parcial; medidas destinadas a impedir los nacimientos en el seno del grupo, y traslado por fuerza de niños del grupo a otro grupo». El gran problema de esta definición es que está pensada, lógicamente, para el mundo contemporáneo, no para el de hace siglos. Es complicado pensar en naciones en la época romana, etnias en la Alta Edad Media o razas en la época de Alejandro Magno. En muchos aspectos estas categorías son invenciones recientes que no se pueden extrapolar al pasado. El único criterio que se mantiene es el de la religión, ya que es fácil de acotar y tiene un recorrido de miles de años. Sucesos como la cruzada albigense del siglo XIII —orientada a eliminar la influencia de los herejes cátaros al sur de Francia— podrían estar cerca, o distintos pogromos que se dieron contra los judíos a lo largo y ancho de Europa durante la Edad Media. Sin embargo, otras cuestiones, como las masacres perpetradas por Gengis Kan o Tamerlán en sus invasiones, donde exterminaron a millones de personas, no parecen tener un objetivo concreto más allá de sembrar el pánico, castigar a sus enemigos o el mero hecho de matar por matar.

Con todo, existe un hecho innegable que concita un consenso plenamente asentado: la llegada de los conquistadores españoles fue el origen de la catástrofe demográfica en el continente americano. En los años previos a este desembarco, las estimaciones intermedias apuntan a que en América vivían en torno a 50 millones de personas, la mayoría en la zona del actual México y de los Andes, coincidiendo con los grandes imperios que existían: los aztecas, los mayas y los incas. Sin embargo, un siglo después, cerca de un 90 % de esa población había desaparecido. Y la causa principal fueron las enfermedades, especialmente el sarampión y la viruela. Hay que tener en cuenta que aunque esas dos infecciones eran conocidas y habituales en África y Eurasia, nunca habían llegado a América, por lo que su población no estaba en absoluto inmunizada contra ellas. Así, cuando los conquistadores arribaron a sus costas y trajeron con ellos las precarias costumbres higiénicas de la Europa del momento, las enfermedades comenzaron a propagarse entre los nativos a una velocidad pasmosa. Si sumamos que eran muy contagiosas, que provocaban una elevada mortalidad y que los indígenas no estaban inmunizados, el resultado se tradujo en millones de muertes. Tal fue así que la enfermedad viajó a menudo más rápido que los propios conquistadores, ya que cuando Francisco Pizarro salió a la conquista del Imperio inca en 1532, la viruela había llegado antes y ya había diezmado poderosamente su población. Cabe preguntarse si la colonización española de América habría sido tan sencilla si la población colonizada, en vez de unos pocos millones, hubiese sido de varias decenas de millones. Sin embargo, y a pesar de la inestimable ayuda que los virus prestaron a la conquista española del continente americano, no puede concluirse que se utilizaran de manera activa, ya que aquellos fenómenos víricos a menudo eran incomprensibles incluso para los propios europeos más allá de saber que uno estaba enfermo.

Además, exterminar a los nativos americanos era terriblemente contraproducente para los intereses de la Corona. Más allá de justificaciones morales o religiosas, como las dictadas en las Leyes de Burgos de 1512, la colonización americana tenía una evidente motivación económica, y para la explotación agraria o minera se necesitaba una cantidad considerable de mano de obra, una necesidad que los propios españoles no podían satisfacer por ser claramente reducidos en número (apenas varias decenas de miles a mediados del siglo XVI). Así, el llamado «sistema de encomienda», que en la práctica era una semiesclavitud para los nativos, solo fue posible gracias a que precisamente los indígenas no fueron exterminados.

Un asunto aparte es el corolario de vejaciones, delitos y atropellos que los colonizadores cometieron sobre los colonizados a lo largo de los siglos y que, a pesar de existir leyes que buscaban evitarlos, la corrupción colonial y la lejanía con la metrópoli a menudo imposibilitaban la correcta aplicación de esas leyes. Pero al menos ya sabemos que la mano española tuvo responsabilidad hasta cierto punto; para otros, como tantas otras veces ha ocurrido en la historia, los virus y las bacterias tienen bastante más que ver.

A menudo llamamos «casualidad» a lo que en realidad es una «causalidad» que desconocemos. Las pinturas de Adolf Hitler no son nada del otro mundo desde el punto de vista artístico; este hecho, unido a la ausencia de contactos en las altas esferas culturales de aquella Viena de principios del siglo xx, le valió un doble rechazo en la Academia de Bellas Artes de la capital austro-húngara. El destino del siglo xx habría sido una incógnita si aquel futuro dictador hubiese tenido mayor destreza en la pintura, lo mismo que si unos pocos años después el ataque con gas mostaza que sufrió mientras combatía en Bélgica en las filas del ejército alemán —aunque la mayor parte de la guerra la pasó lejos de las trincheras— hubiese acabado con su vida o le hubiese ocasionado unas lesiones irreversibles. De esos pequeños momentos de «casualidad» está la historia llena.

Por ejemplo, piensa en la primera —o última— vez que necesitaste de antibióticos para combatir cualquier enfermedad o infección. Si eso mismo te hubiese ocurrido hace más de un siglo, entonces has encontrado el previsible momento de tu muerte. De ahí que la mortalidad infantil fuese tan elevada, hasta hace relativamente poco, también en los países occidentales, o que cualquier enfermedad mal curada te pudiese arrastrar rápidamente a la tumba.

La gripe española quizá sea uno de los mejores ejemplos. La última gran pandemia que ha sufrido el mundo acabó con la vida de entre el 3 y el 6 % de los habitantes del planeta, y cerca de un tercio de la población global la padeció en algún momento de 1918 o 1919. Fue llamativa por muchos aspectos, ya fuera el alcance a escala planetaria, o bien algunos perfiles de las víctimas, pasando por el momento histórico en el que se dio. Y, para rematar la cuestión, su nombre. Porque la gripe española tiene una relación con el país que la bautiza bastante secundaria, casi anecdótica. Una confusión que ha acabado llegando a nuestros días.

La historia de este virus todavía tiene lagunas. Aunque existen distintas hipótesis en cuanto a su origen, la más extendida lo sitúa en Fort Riley, dentro del estado de Kansas, justo en el centro de Estados Unidos. Allí fue donde, en marzo de 1918, se detectó el primer brote de esa gripe que arrasaría medio planeta. El primer paciente fue el cocinero de una instalación militar situada allí y que en esos momentos estaba entrenando a la tropa que meses después embarcaría hacia Europa. Hacía menos de un año que Estados Unidos había entrado en la Primera Guerra Mundial del bando de los aliados, y su ejército carecía entonces de una capacidad profesional suficiente para no tener que llamar a distintas levas dentro de la población civil. Lo que se desconoce es cómo aquel *paciente cero* acabó contagiado. Lo más probable es que tuviese contacto con animales que ya padecían sus particulares versiones de la gripe. Lo que sí sabemos es que después del cocinero, cientos de personas en Fort Riley acabaron contagiadas en cuestión de horas, y que de ahí acabase extendiéndose a otros puntos del país, ya que las medidas para controlar el virus en sus primeros compases fueron nulas.

En esos mismos meses, cientos de miles de soldados estadounidenses comenzaron a embarcar hacia el Viejo Continente, y con ellos la gripe española. El país llegó a movilizar hasta cuatro millones de hombres, de los cuales cerca de la mitad acabarían entrando en combate en los campos europeos. Como nos podemos imaginar, las pésimas condiciones de salubridad que existían en aquellas trincheras y campos de batalla fueron inmejorables para que la enfermedad se extendiese rápidamente y con una enorme letalidad; con el traslado de distintos combatientes a la retaguardia, sus hogares o incluso al ser capturados por los alemanes, el virus continuó su expansión más allá del frente. Tal fue su impacto, que cerca de la mitad de los soldados estadounidenses muertos en la contienda (alrededor de 116.000) no lo fueron por las balas o los proyectiles enemigos, sino por las enfermedades, donde esta gripe española tuvo buena parte de responsabilidad.

Precisamente en esos compases finales de la guerra (entre octubre y noviembre de 1918) se produjo el pico de mayor mortalidad, con cerca de 25 muertes asociadas por cada 1.000 personas. Esta oleada fue de tal virulencia que jóvenes que habían sobrevivido a las trincheras aquel año regresaron a casa y murieron de gripe. Una cruel ironía.

No obstante, como habrás podido comprobar, en esta historia todavía no ha salido el nombre de España por ningún lado. ¿Qué pinta en todo esto? Su ausencia es precisamente el motivo. Cuando la Gran Guerra estalló en el verano de 1914, España arrastraba una situación desastrosa en los planos político, económico y militar. El país todavía andaba lastrado por la catástrofe de 1898, una guerra en el norte de África en la que era incapaz de imponerse a las tribus rifeñas y un atraso en multitud de frentes que hacían poco menos que inviable participar en un conflicto a gran escala. Tal era este aislacionismo que el país no se había sumado a los complejos sistemas de alianzas que regían en Europa y que acabaron arrastrando a medio continente a la guerra. No es que a España le fuese mal durante el conflicto: las exportaciones aumentaron considerablemente y, a nivel fiscal, la recaudación también creció, aunque a costa de empobrecer a las clases populares.

Asimismo, existía cierta libertad de prensa, al menos para narrar lo que ocurría en los campos de batalla europeos. La mayoría de los Estados del continente, al estar inmersos de una forma u otra en la guerra, aplicaban también políticas de censura para controlar qué informaciones bélicas aparecían en los periódicos. No era el caso español. Así, cuando a lo largo de 1918 se empezaron a registrar casos por media Europa de esa fiebre española, la mayoría de los medios callaban. Los franceses, los británicos o los estadounidenses pensaban que si mencionaban el considerable número de bajas que estaba produciendo este virus, la moral se desplomaría, algo que los alemanes podrían aprovechar. Pero es que en el otro bando pasaba algo similar. Por tanto, y aunque finalmente se tomaron acciones en el continente para mitigar el impacto y la difusión de esta gripe, la mayoría de las informaciones sobre víctimas aparecían únicamente en la prensa de España. Aquí el virus dejó aproximadamente 260.000 muertes de algo más de 20 millones de personas que entonces habitaban el país (lo que viene a ser un 1,3 % de la población). A esta difusión también ayudó que el propio rey Alfonso XIII cayese enfermo, aunque se acabaría recuperando. Así, a efectos mediáticos, parecía que la gripe únicamente se cebaba con España y que fuera de sus fronteras el impacto era mínimo. Así las cosas, la etiqueta era inevitable: si la gripe era eminentemente española, su nombre debía reflejarlo. De este modo nació la gripe española.

Lo llamativo es que no existe otro motivo. Ni siquiera el de víctimas, ya que en España no dejó una cifra abultada, más bien al revés. Sí se sabe que en comunidades relativamente aisladas, como algunas islas del Pacífico o nativos en Estados Unidos o Nueva Zelanda, las cifras de mortalidad fueron muy elevadas debido a la menor inmunidad a los brotes de gripe. Y es igualmente cierto que en aquellos lugares donde se consiguieron implantar con eficacia medidas de salud pública para controlar la enfermedad, esta tuvo un impacto sustancialmente inferior.

Sin embargo, y a pesar de ser una de las pandemias con mayor cantidad de víctimas en los últimos siglos, durante mucho tiempo quedó relegada al olvido. El hecho de haber coincidido con el final de la Gran Guerra y el inicio de una época no menos tumultuosa en Europa hizo de una «simple» gripe un problema secundario. Entre 50 y 100 millones de muertes fue el precio de aquella realidad olvidada por la prensa, salvo la española: llevar el nombre fue el precio que hubo de pagar por informar.

Franco no evitó que España entrase en la Segunda Guerra Mundial

Los mitos son necesarios. Lo son para construir una narrativa común que una a muchas personas distintas. Las religiones están plagadas de ellos (hechos heroicos, milagros, afrentas…) y cualquier proyecto que busque y necesite legitimarse también los tiene. Los japoneses creían que su emperador descendía de la diosa Amaterasu; los griegos remontan su nación a la Hélade de la Antigüedad, y en España hay quien sitúa en el final de la Reconquista la aparición de la nación actual. Historias, a menudo con más imaginación que realidad, útiles para crear esas ideas abstractas donde mucha gente se vea reflejada a través de determinados valores.

Quienes también son especialistas en mitos son las dictaduras. Tienen que justificar de alguna manera su presencia en la historia más allá de la represión. Algunos autócratas se consideran algo así como un «elegido» divino o humano; otros simplemente aplican la ley del más fuerte, y alguno intenta escudarse en su capacidad de visionario y estratega sin precedentes. En España, Francisco Franco tuvo un poco de los tres mitos: se veía a sí mismo como el encargado de purificar el país del comunismo, la masonería y otros tantos poderes ocultos que solo unos pocos veían; ganó una guerra, y durante mucho tiempo repitió mantras para respaldar una inteligencia política sin parangón. Quizá el más frecuente sea que logró mantener a España lejos de la Segunda Guerra Mundial ante la insistencia de Hitler, esquivando las exigencias de una de las máquinas de guerra más poderosas del siglo XX. Qué otra maniobra más que esta refrendaba lo mucho que se preocupaba por su país.

Cabe reconocer que el dictador sí tenía una habilidad superior, solo que esta consistía en retorcer la realidad. Porque no es que Franco no evitase que España fuese arrastrada al mayor conflicto que el mundo ha vivido jamás, sino que promovió activamente la entrada de España en la guerra. Sin embargo, distintos factores internos y externos al país trastocaron los deseos del Generalísimo. Paradójicamente, si hubo una figura que evitó —o más bien rechazó— la entrada española fue precisamente la de Hitler. Pero con su derrota en 1945, el régimen franquista tuvo que reinterpretar la historia con el fin de convencer a los vencedores de que ellos nunca estuvieron interesados en la guerra y que no tenían nada que ver con las ideas expansionistas de Alemania o Italia.

Aunque desde el primer momento España se mantuvo neutral (cuando la guerra en Europa comenzó en septiembre de 1939 hacía cinco meses del final de la guerra civil en España), lo cierto es que durante los seis años que duró la contienda también pivotó de forma interesada, siempre intentando obtener un rédito político según soplasen los aires en un contexto tan convulsionado.

Con todo, el mito que fue calando durante la dictadura en España ya empezaba con una exageración: afirmaba que Franco hizo esperar a Hitler un tiempo considerable en la estación de trenes de Hendaya (Francia) previa a la entrevista de octubre de 1940, cuando en realidad fueron ocho minutos (y, para más inri, el retraso se explica por el pésimo estado de las vías férreas españolas). En esa línea, el régimen acabaría afirmando tiempo después que las presiones de Hitler para que España entrase en la guerra fueron tremendas. Por entonces, el líder nazi tenía a su merced a media Europa y miraba con interés la península Ibérica con la intención de buscar otra salida al Atlántico y cerrar la puerta del Mediterráneo occidental que la británica Gibraltar custodiaba celosamente. Sin embargo, Franco era consciente de que España estaba absolutamente arrasada por la guerra civil; por tanto, en una apuesta por la paz y la recuperación nacional, declinó los ofrecimientos del Führer por subirse al tren de las potencias del Eje.

La realidad, sin embargo, era bien distinta y algo más compleja que el infalible criterio del Caudillo. Para empezar, había fuertes divisiones en el seno del régimen en cuanto a la idoneidad de una entrada española en la guerra. Existía una facción claramente afín al Eje que abogaba por una alianza, viéndose ganadores de lo que en aquel momento parecía que sería una arrolladora victoria germana; en cambio, otra abogaba por la neutralidad, ya fuese por la desastrosa situación interna del país, o bien porque los servicios secretos británicos hicieron llegar a una serie de generales y personas del círculo más íntimo de Franco generosos sobornos para que presionasen en favor de la neutralidad. Asimismo, cuando Franco arribó a Hendaya, la lista de exigencias o necesidades planteadas a Hitler era considerable: además de amplias concesiones territoriales en África (la expansión de los protectorados que España ya tenía en Marruecos, el Sáhara y Guinea), el autócrata español explicó a su homólogo que el país necesitaba alimentos y combustible para paliar la escasez que sufría tras la contienda civil, así como defensas para fortificar puntos estratégicos como las Canarias, y que debido a la considerable obsolescencia del ejército español eran imposibles de defender frente a un hipotético ataque británico (que efectivamente estuvo sobre la mesa). A cambio de la alianza con España, Alemania podría hacerse con Gibraltar, también con Portugal (un histórico aliado británico) y acceder a territorios clave en África y la parte más meridional del Atlántico norte. En resumidas cuentas, España no tenía más que ofrecer que su posición geográfica y su devoción por el Tercer Reich.

El listado español no convencía mucho a Hitler. Los alemanes daban por sentado que España solicitaría algún territorio y que su situación era precaria, pero no a tales niveles. Primero tendrían que destinar recursos y tropas a la defensa del litoral español (más de 1.000 kilómetros de costa solo en la fachada atlántica); después habría que desviar una cantidad sustancial de alimentos y combustible —de los que Alemania no iba sobrada— para mantener a su nuevo aliado, y, por último, transigir con las demandas territoriales de Franco tendría como consecuencia un conflicto más que seguro con Vichy, el territorio no ocupado de Francia, que era un régimen más útil para los intereses alemanes y más estable que el de Franco. En resumidas cuentas, España pedía mucho y aportaba más bien poco, por lo que su unión a las fuerzas del Eje no era algo especialmente atractivo.

Existen varias posibilidades de por qué esta unión acabó frustrada: quizá Alemania esperaba menores exigencias de España o quizá nunca deseó su entrada; por otra parte, quizá Franco pensó que Hitler aceptaría sin mayores problemas sus demandas, o quizá se excedió a propósito para que el Führer las rechazase y así librarse de compromisos. Sin embargo, esta última tesis —la mantenida por el régimen— no se sostiene, ya que Franco sí firmó con Hitler un protocolo secreto por el cual se comprometía a entrar en la guerra del lado alemán en el momento en el que España se viese capaz de mantener el esfuerzo bélico. Así, Franco continuó dejando la puerta abierta y Hitler regresó a Berlín sin una negativa rotunda. Ese momento, que era totalmente a discreción del régimen español, se da por hecho que tendría lugar cuando el Mediterráneo quedase cerrado por el este al tomar los alemanes el canal de Suez, y tras conquistar por el oeste Gibraltar, el Mediterráneo quedaría convertido en un lago del Eje. La idea era reducir notablemente la vulnerabilidad española al no tener expuesta la costa mediterránea y poder recibir suministros sin ningún contratiempo. Sin embargo, todos estos requisitos nunca se dieron.

El avance hacia Suez quedó interrumpido en 1942 con la derrota italo-germana en El Alamein, y poco tiempo después tuvo lugar la Operación Antorcha, por la que estadounidenses y británicos desembarcaron en Marruecos y Argelia, entonces posesiones de la Francia de Vichy. Así las cosas, el panorama español cambiaba sustancialmente, por lo que el régimen de Franco reculó en sus intenciones belicistas, y conforme los Aliados fueron ganando terreno en África y Europa, la posición del régimen franquista fue cambiando para intentar adaptarse a la más que presumible derrota de la Alemania nazi.

No sabemos qué habría ocurrido si España se hubiese incorporado al Eje. Probablemente no habría cambiado el resultado de la guerra, pero sí el destino de Franco, ya que los Aliados no le habrían permitido continuar en el poder. Pero eso ya es historia-ficción, la misma ficción que aseguraba que Franco nunca quiso aliarse con Alemania.

La CIA no está todo el día espiándote

Strava es una aplicación para hacer ejercicio, especialmente para los que les gusta ir en bici y correr. No tiene mucho misterio: activas el GPS de tu *smartphone* o cualquier otro dispositivo inteligente y te vas a hacer deporte mientras la aplicación mide la distancia que recorres y el camino por el que transitas. Nada del otro mundo, en principio. A finales del año 2017, la empresa publicó un mapa mundial para mostrar cómo se «iluminaba» el planeta gracias a las miles de personas que utilizan la aplicación. Pues resulta que, además de cartografiar perfectamente calles y caminos del mundo occidental, quedaron al descubierto lugares que no debían aparecer. En medio de la nada de Afganistán resplandecían tímidamente algunos recorridos circulares o bien que delimitaban pequeñas áreas en cuadrícula. No eran afganos practicando deporte, sino estadounidenses que entrenaban por los mismos recorridos una y otra vez. La cuestión es que se suponía que esos militares no debían estar ahí, o al menos no debía saberse que estaban ahí. Una *app* para salir a correr estaba revelando bases secretas de Estados Unidos en Afganistán. Era la torpeza en su máxima expresión, o quizá la constatación de que el secretismo se mueve en un margen cada vez más estrecho.

Veníamos de unos años polémicos en cuanto a espionaje y filtraciones se refiere. El caso WikiLeaks y la publicación de miles de documentos sobre la política exterior de Estados Unidos generó innumerables crisis internas y externas por lo mencionado en muchos de esos informes: desde malas palabras sobre aliados estratégicos hasta la constatación de graves violaciones de derechos humanos en países como Irak. Poco tiempo después llegaría el caso de Edward Snowden, que filtró a varios diarios británicos y estadounidenses la existencia de un programa masivo de la agencia de inteligencia estadounidense NSA por el cual se vigilaban las comunicaciones de millones de ciudadanos del país por razones de seguridad nacional. En consecuencia, un tema relevante entró de lleno en la agenda ciudadana: hasta qué punto los Gobiernos y sus organismos de inteligencia están pendientes de lo que decimos y hacemos, espiándonos en secreto. Porque, frente a lo que muchos siguen pensando, la naturaleza del espionaje ha cambiado notablemente en las últimas décadas. Si piensas que cuando te espíen va a haber una furgoneta de pizzas a domicilio con una gigantesca antena frente a tu casa o que en la sede de la CIA hay un analista pendiente de saber qué hiciste el fin de semana o qué cenaste anoche, sentimos decirte que la cosa no va por ahí. Es más, no hace falta que nadie te espíe, porque ya has cedido gustosamente tus datos, tu privacidad y tu vida a distintas plataformas, y, encima, prácticamente gratis.

«He leído y acepto los términos y condiciones.» ¿Cuántas veces has cumplido de verdad esta frase al registrarte en una red social, al bajarte una aplicación o al contratar un servicio? Probablemente se puedan contar con los dedos de una mano. Nadie lee los términos y condiciones y, a pesar de ello, todo el mundo los acaba aceptando. Son extremadamente largos y más complejos aún. Están hechos así a propósito para disuadir a cualquier lector temerario. Las plataformas saben que no tienes alternativa y se aprovechan de ello. ¿Renunciarás a estar en Facebook, Instagram o Twitter solo porque los términos y condiciones te parecen abusivos? ¿Vas a dejar de descargarte el Candy Crush o no jugar *online* al Fortnite porque no sabes qué van a hacer con tus datos? Pues casi seguro que no.

La cuestión es que la creciente concentración de servicios en torno a unas pocas empresas (Google, Amazon, Facebook y Apple, conocidas como GAFA) ha dejado poco margen a que se creen alternativas útiles que permitan escapar de las normas que imponen estas compañías. Facebook, por ejemplo, también ha adquirido otras compañías como WhatsApp e Instagram, copando buena parte de las comunicaciones y redes sociales que cualquier humano puede estar utilizando hoy en día. Ese embudo de las relaciones digitales actuales (que, por otra parte, es normal, ya que sería agotador estar en treinta plataformas a la vez) nos ha llevado a depender extremadamente de la voluntad y la política de estas empresas tecnológicas, pues porque cualquiera de ellas son un poderoso y necesario intermediario en este espionaje al ciudadano.

Con esa ingente cantidad de datos que cada usuario aporta a las plataformas se acaban creando perfiles (de comportamiento, de consumo, ideológicos, etc.). En muchos casos es indiferente cómo te llamas, ya que ese dato no tiene ningún valor a gran escala, sino que lo relevante es qué tipo de persona eres, qué intereses o necesidades tienes y cómo se puede utilizar toda esa información para venderte cosas o proteger al país. Los terminales con los que te registras en sitios o te descargas aplicaciones están pensados para recopilar millones de datos que luego pueden venderse o cederse a terceros para que continúen explotando el proceso. Porque estas empresas, sean *online* o de telecomunicaciones tradicionales, a menudo colaboran con los Estados para proporcionarles información, también mediante leyes que las obligan a ello. Precisamente el caso de Snowden generó tanto impacto que tumbó la llamada Ley Patriota, promulgada en Estados Unidos tras los ataques del 11 de septiembre del 2001 y que habilitaba a numerosas organizaciones gubernamentales a recopilar ingentes cantidades de datos entre la población, incluyendo el registro de las llamadas telefónicas que las empresas proporcionaban.

Lo que facilitan estos masivos sistemas de vigilancia es, básicamente, la detección de anormalidades. Decir que no vas a hacer nada en todo el fin de semana no es demasiado inusual y tampoco genera un peligro de seguridad de primer nivel; comentar que estás pensando en alquilar un coche para cometer un atentado ya es otra cuestión, y es ahí donde las autoridades indagan con mayor profundidad y de forma más personalizada. Es igualmente cierto que las personas que controlan estos sistemas suelen cometer abusos y excesos —o al menos la puerta queda abierta a esa posibilidad—, y por ello son muy criticados en tanto que violan derechos básicos de los ciudadanos que viven en democracia. Este no deja de ser otro de los debates que orbitan en torno a una misma cuestión: ¿es deseable menor libertad a cambio de mayor seguridad o mayor libertad a cambio de menor seguridad? Porque en este dilema el punto medio no existe, menos todavía cuando somos nosotros los que hemos elegido gustosamente la primera opción al ceder buena parte de nuestros datos.

LOS SUNÍES Y LOS CHIÍES NO ESTÁN EN UNA GUERRA PERPETUA

Crear dos enemigos antagónicos siempre es un buen recurso narrativo. No obliga a una complejidad mucho mayor porque todo se contiene y se explica por esa enemistad visceral. O eres de unos o eres de los otros.

Este esquema se ha aplicado a infinidad de situaciones a lo largo del tiempo: «nosotros» y «ellos» (en cuestión de nacionalismos, por ejemplo) o «buenos» y «malos» (una conveniente capa moral a añadir al «nosotros»/«ellos»). Estas simplificaciones que se crean mediante dos grupos homogéneos que se contraponen también caen por la historia y las religiones. En el islam es habitual que se hable de la dicotomía entre suníes y chiíes, las dos corrientes principales de esta religión. Todo (o casi todo) en Oriente Próximo se suele explicar en estos parámetros, los de una enemistad irreconciliable que lo impregna absolutamente todo y que, como una película de ciencia ficción, no podrá acabar hasta que solo quede uno en pie. Pero es precisamente eso, una ficción.

Es cierto que en el islam existe una profunda brecha sectaria fundamentada en la religión, como también le ocurre al cristianismo, incluso en mayor medida. El origen de esta división, llamada «fitna», se remonta al siglo VII, concretamente a la muerte de Mahoma en el año 632. Tras su desaparición, en el seno del islam surgió el debate sobre quién debía sucederle. Unos apoyaban al primo de Mahoma, Alí, que además estaba casado con la hija de este, Fátima (por lo que su descendencia sería directa del Profeta), mientras que otros abogan por Abu Bakr, suegro de Mahoma y perteneciente a su misma tribu. Los primeros acabarían siendo los chiíes (una minoría) y los segundos, los suníes (facción mayoritaria).

En aquellos primeros años tras la muerte del Profeta, las luchas de poder en el seno del islam se convirtieron en una costumbre. Los suníes, al tener más peso político, se impusieron y nombraron a los tres califas siguientes a lo largo del cuarto de siglo que vino detrás. Sin embargo, los tres morirían asesinados. Finalmente llegaría a califa Alí, que todavía seguía vivo, en el año 656. Pero los suníes acusaron a Alí de haber instigado la muerte del anterior califa, y buscaron deponerlo, aunque lo que se dirimía en realidad era una lucha entre Damasco y Bagdad, los dos grandes centros de poder del momento. En la batalla de Siffín, en el 657, se acordó un arbitraje para decidir quién era el califa legítimo, si Alí o Muawiya, el candidato suní, y se falló en favor de este último. Una facción de Alí consideraba que ese arbitraje era ilegítimo y decidieron escindirse, naciendo así la corriente de los jariyíes. Cuando Alí fue asesinado en el año 661 precisamente por un jariyí, Muawiya quedó como único califa y daría origen a la dinastía de los Omeya.

Desde entonces, los chiíes, como minoría dentro del mundo islámico, quedarían confinados principalmente a la zona del actual Irán, aunque surgieron comunidades por todo Oriente Próximo afines a esta corriente. Por el contrario, los suníes llevarían a cabo la gran expansión del califato islámico durante los siglos siguientes, extendiéndose por todo el norte de África, Al-Ándalus y más allá de Persia, hacia Asia Central. Además, la existencia de este primer califato de la dinastía Omeya no evitó que con el tiempo otras casas llegasen al poder e incluso surgiesen califatos independientes, como el de Córdoba durante los siglos X y XI. Aunque a menudo asociemos esta idea califal con tiempos muy remotos, lo cierto es que el califato quedó oficialmente abolido en 1924, pocos años después de la disolución del Imperio otomano, cuyo sultán era a su vez califa desde el siglo XVI.

Durante ese tiempo, los conflictos que pudiesen surgir en la zona tenían que ver más con expansiones imperiales de distintas potencias de la zona —e incluso invasores externos, como los mongoles o los selyúcidas— que por una constante lucha sectaria entre suníes y chiíes. Tal es así que nunca hubo una entidad política consolidada de forma separada en las zonas donde estos grupos eran mayoritarios hasta el siglo XVI, cuando el Imperio safávida, que podemos considerar antecesor del Irán actual, otorgó un peso preeminente al chiísmo dentro de su estructura política, y aun así no se produjo un cambio sustancial en las relaciones religiosas de la zona.

En épocas más recientes, este factor divisivo ha perdido todavía más relevancia si cabe. El auge de las identidades nacionales durante el siglo xx y nuevas corrientes ideológicas como el panarabismo, que busca en última instancia la creación de una única nación para el mundo árabe, o el socialismo relegaron a un plano secundario el aspecto religioso, ya que en países como Siria o Líbano se generaron comunidades multirreligiosas donde más o menos todas ellas tenían una cabida dentro del Estado. Ni siquiera la consolidación de Arabia Saudí durante la primera mitad del siglo supuso un cambio considerable, ya que esta monarquía se había adscrito a una de las corrientes más extremas del islam suní, el wahabismo, por lo que ni siquiera eran representativos del sunismo y tampoco buscaban una legitimación califal.

Los cambios sustanciales en esta situación son relativamente recientes y tienen que ver con dos cuestiones. La primera es la Revolución iraní, que triunfó en 1979. En ese momento el país se convirtió en una teocracia regida por clérigos del islam (chiíes), algunos de ellos descendientes del propio Mahoma (se les puede identificar por llevar el turbante negro), y la fe pasó a tener un papel central en la vida pública y la política del país. Con todo, el feroz pulso que desde hace unos años mantiene Irán con Arabia Saudí no se debe tanto a cuestiones de fe sino a una simple lucha por el poder y la influencia política en la región. Aunque Irán sea la referencia del chiísmo al aglutinar a una sustancial mayoría de fieles de esa corriente, lo cierto es que no se puede considerar que Arabia Saudí sea el faro de los suníes. A pesar de que alberga algunos lugares santos del islam en La Meca y Medina, su rigorismo religioso no es representativo del resto de fieles del mundo suní. A este respecto, países como Indonesia,

Egipto, Pakistán o Turquía podrían suponer un ejemplo más fidedigno al que contraponer esa imaginaria enemistad iraní, y lo cierto es que no existe tal cosa. La segunda cuestión fue el efímero resurgimiento del califato de la mano de Abu Bakr al-Baghdadi, el líder que impulsó a Dáesh en sus grandes conquistas por Irak y Siria. Esta proclamación como califa del Estado islámico que buscaba ahondó en esa supuesta brecha entre suníes y chiíes, aunque finalmente, como ya sabemos, su proyecto político quedase enterrado.

Así, cuando queramos leer qué ocurre en la región, busquemos otros factores más allá de la religión, como los grupos étnicos y nacionales, los recursos económicos, la desigualdad, la corrupción, las familias políticas, las injerencias extranjeras, las fuentes de legitimación y otras tantas cuestiones que, como mínimo, explican tanto los problemas como la brecha ancestral en la comunidad islámica.

ÁFRICA NO SE REDUCE A GUERRAS Y POBREZA

A mediados del año 2018, un vehículo Golf blanco se publicitaba como «el primer Volkswagen ensamblado en Ruanda». Ahí estaban para la ocasión el presidente del país, Paul Kagame, y varios directivos de la marca alemana. Ruanda, ese diminuto país de África oriental, era hasta entonces conocido por su genocidio, ocurrido un cuarto de siglo antes. Ahora, sin embargo, iba a empezar a desarrollar una planta de montaje de vehículos eléctricos para que los utilizasen plataformas de coches compartidos y extender el modelo a otros países vecinos, como Burundi, Tanzania o Uganda. Apenas un año después, en mayo del 2019, entraba en vigor el Acuerdo de Libre Comercio Continental Africano, o lo que es lo mismo, la mayor zona de libre comercio del planeta con 1.200 millones de consumidores y un PIB cercano a los 3,4 billones (casi el 20 % del PIB que actualmente tiene la Unión Europea). Dos ejemplos poderosos de que algo está cambiando en África.

Tal vez esos ejemplos siempre estuvieron allí. Las imágenes que a menudo nos vienen a la cabeza cuando se habla de este continente están estrechamente relacionadas con la pobreza, la desnutrición, las crisis humanitarias y los conflictos sangrientos. Sin negar que esto ha existido y existe todavía hoy con multitud de ejemplos, en los últimos años son muchos los casos que demuestran que el continente se ha convertido en todo un ejemplo de integración, cooperación y progreso.

Durante mucho tiempo, décadas o incluso siglos, la manera como vemos y tratamos este continente ha tenido dos problemas fundamentales. El primero es entender África como un todo. Sudáfrica y Egipto se parecen lo mismo que Portugal y Rusia o que Argentina y Canadá. Desde los tiempos de la colonización europea, especialmente durante el siglo xix, se tendió con bastante ahínco a referirse a África como un lugar exótico por descubrir, salvaje y auténtico; en definitiva, una imagen romántica del continente. A ello contribuyeron desde los exploradores decimonónicos hasta las películas, novelas y también crónicas periodísticas del siglo xx. El segundo problema es el complejo del salvador blanco. En muchos aspectos ese tinte romántico ha llevado a asumir, sobre todo por parte de los occidentales, una especie de deber paternalista en ayudar a esa gente. No es criticable la ayuda como tal, sino la motivación y el enfoque: parece que no se pueden valer por sí mismos y necesitan ayuda —la occidental— para salir adelante. Esta combinación ha tenido unas consecuencias bastante negativas a la hora de contar lo que allí sucede, reforzando las perspectivas pesimistas y derrotistas, como si el continente africano estuviese condenado por los siglos de los siglos a las guerras y las penurias.

Bien es cierto que esta visión ha empezado a cambiar en los últimos años. Las portadas de la revista *The Economist* son un buen reflejo para sintetizar los discursos de cada época: en mayo del año 2000 su portada rotulaba con «El continente sin esperanza», mostrando a un lugareño con un lanzagranadas al hombro; en diciembre del 2011 le dedicó una nueva posición protagonista, solo que esta vez el mensaje era «África ascendente» mientras un niño volaba una cometa con la forma del continente. Habíamos pasado de una visión totalmente pesimista, donde todo eran guerras, a una optimista, donde el auge económico iba a traer la prosperidad que el continente tanto ansiaba. No era el cambio ideal, pues el optimismo excesivo también puede llevar a engaño, pero al menos daba la sensación de que se había abandonado la espiral agorera que pesaba sobre África.

La situación real, sin embargo, es más intermedia. Aunque sí parece haber dejado atrás buena parte de los males que padecía hace décadas (dictaduras atroces, terribles guerras civiles o genocidios), tampoco parece haber alcanzado una senda de crecimiento y desarrollo que lleve a pensar que el milagro africano es inminente, sobre todo si somos conscientes de ciertos escenarios que aguardan en el horizonte.

Aunque el continente africano —y especialmente el África subsahariana— sea de las regiones que más han crecido en el mundo durante este siglo, su desempeño está bastante lejos del que ha mostrado el continente asiático o las principales potencias emergentes. En cierta medida es lógico, ya que África no se ha beneficiado de la misma manera de los procesos de deslocalización que sí han visto en Asia y que han impulsado notablemente su desarrollo económico durante las últimas décadas en países como China, Corea del Sur, Vietnam, Taiwán, Indonesia, Bangladés o la India. Esto, a su vez, ha llevado a que los esfuerzos por reducir la pobreza se hayan quedado algo estancados. Si en 1990 alrededor de un 15 % de las personas que vivían en extrema pobreza en el mundo lo hacían en el África subsahariana, en el 2015 aglutinaba a más del 56 % de los extremadamente pobres del planeta. ¿Cómo es esto posible? Sobre todo debido a dos razones: el continente no ha conseguido disminuir el número de personas que viven en extrema pobreza, ya que en el año 2000 se calculaba en torno a 450 millones de africanos y en el 2030 las proyecciones indican que será un número similar. En otras regiones como Asia-Pacífico (especialmente China), la población extremadamente pobre era un 60 % al terminar la Guerra Fría y hoy está prácticamente erradicada. Aquí las comparaciones son odiosas, ya que China ha conseguido llevar a cabo el mayor esfuerzo de sacar a su población de la pobreza en el menor tiempo jamás visto en la historia. En ese periodo, el África subsahariana «apenas» ha reducido esa situación en trece puntos, del 54 al 41 %. Por tanto, aunque el continente progresa, lo hace a menor ritmo que cualquier otra región del planeta.

Esa lentitud en la mejora de ciertos indicadores los expone a una complicada situación en el futuro. Uno de los grandes retos africanos para las próximas décadas será el enorme crecimiento demográfico que vivirá. Si hoy habitan el continente alrededor de 1.200 millones de personas, los cálculos apuntan a que en el 2050 serán 2.500 millones, más del doble. Y toda esa nueva ola demográfica necesita alimento, techo, trabajo y, en definitiva, tener satisfechas sus necesidades. Aunque la progresiva urbanización de los países africanos puede mitigar esta situación (es más barato y eficiente cubrir las necesidades en la ciudad que en el campo), todo apunta a que va a ser complicada. Además, otros retos a escala mundial como el cambio climático tendrán una elevada incidencia en zonas como el Sahel, donde se prevé que fuerce a millones de personas a emigrar debido a la pérdida de cultivos o a la reducción de fuentes de agua por la progresiva desertificación de la zona.

Es tan poco provechoso quedarse en el afropesimismo como transitar hacia el afrooptimismo. La enorme variedad de países (cincuenta y cuatro en total) y realidades que pueblan el continente creará ejemplos que pongan de relieve las dos situaciones; habrá países que se queden en una espiral de caos e ingobernabilidad, mientras otros apuntalen su despegue y vean fortalecer su democracia. Vamos, como ocurre en cualquier otra región del mundo.

5

Países y mapas
El mundo no se muestra como es

Desde pequeños, aprender sobre el mundo es un ejercicio frecuente. Los atlas buscan acomodo en las primeras bibliotecas como un intento de poner los cimientos de lo que será todo el conocimiento posterior. Al final es como conocer tu propia casa, solo que a escala gigantesca. Lo que no suele aclararse tanto es hasta qué punto, desde que abrimos esos enormes volúmenes, asumimos unas ideas sobre el mundo que no son tales.

Imagina descubrir que tu casa no tiene las dimensiones reales que te mostraban los planos, o que existen habitaciones secretas que desconocías. Pues con el mundo pasa algo parecido; las simplificaciones —necesarias, en muchos casos— orientadas a contarlo han distorsionado la idea original, haciendo que lo «deformado» se asuma como lo correcto y real.

INGLATERRA NO ES UN PAÍS

A todo el mundo le ha pasado que, ya con cierta edad, ha descubierto que llevaba toda la vida diciendo mal una expresión o una palabra. Pues algo así también pasa con los países, especialmente cuando nos referimos a Inglaterra como tal. Pues sentimos decir que, en efecto, Inglaterra es un sitio absolutamente real, pero no da nombre a ningún país soberano e independiente. Tranquilos, tampoco es un error imperdonable, ya que hay unos cuantos matices que hacen bastante comprensible el error y fácil caer en él.

El nombre real del país al que implícitamente estamos haciendo referencia como «Inglaterra» es Reino Unido de Gran Bretaña e Irlanda del Norte, aunque por motivos obvios suele quedar reducido a, simplemente, Reino Unido, que sí es el país representado en Naciones Unidas o que en su día formó parte de la Unión Europea. Dentro del Reino Unido hay varios territorios, llamados «países constituyentes», entre los que sí se encuentra Inglaterra junto con Escocia, Gales e Irlanda del Norte. Esta fusión de territorios también se puede comprobar en la bandera británica: la Union Jack es un agregado de las banderas de Inglaterra, Escocia e Irlanda. Como añadido, también es habitual la confusión de llamar «Gran Bretaña» a este país, pero es igualmente incorrecto. Gran Bretaña es solamente la isla en la que se encuentran Inglaterra, Escocia y Gales, por lo que es un concepto geográfico, no político.

Hay que decir que esta mezcla de conceptos es comprensible, ya que los propios británicos han fomentado dicha confusión. Por un lado, la frecuente mención a la «reina de Inglaterra» es incorrecta, ¡ya que no existe! Isabel II es reina del Reino Unido, valga la redundancia, y no ostenta las coronas de Inglaterra o Escocia de forma separada, dado que el Reino de Inglaterra desapareció a principios del siglo XVIII, cuando Inglaterra y Escocia se fusionaron en el Reino de Gran Bretaña, una entidad ligeramente distinta a nivel territorial de la que conocemos hoy. Pero también se mezclan ideas en el ámbito deportivo, especialmente en el fútbol, donde las selecciones juegan de forma independiente (Inglaterra, Escocia, Gales e Irlanda del Norte cada una por su lado), y las respectivas ligas también están diferenciadas, lo que crea en el imaginario de los aficionados una ilusión de que son entidades políticas distintas.

EL MUNDO NO ES COMO NOS MUESTRAN LOS MAPAS

Quizá tengas un mapa del mundo cerca mientras lees esto. Incluso puede servir una aplicación del móvil para mapas. No vale un globo terráqueo, eso sí. Tiene que ser un mapa en dos dimensiones. O simplemente te lo imaginas. Pues bien, todos ellos, sean como sean, te están mintiendo: el mundo no es así.

No es que sea una mentira deliberada, ni mucho menos. Es que, simplemente, quienes se dedican a cartografiar el mundo no pueden representarlo tal y como es. Porque es imposible.

Como sabemos, nuestro planeta es una bola más o menos esférica, esto es, un objeto en tres dimensiones y curvo. En cambio, los mapas que utilizamos a menudo son representaciones planas, en dos dimensiones. Y el gran problema es que es literalmente imposible trasladar con total exactitud las distancias y superficies de un objeto tridimensional esférico (la Tierra) a uno bidimensional (un mapa). La única forma de poder hacerlo es distorsionando algunas variables para que puedan encajar. Y es aquí donde nacen las proyecciones cartográficas.

El resultado han sido decenas de proyecciones creadas a lo largo de los siglos que priman la superficie de los continentes, las distancias en el mapa o los ángulos. Con todo, es un juego al que nunca se gana, ya que intentar ser más acertado en alguna de ellas lleva a que las otras se distorsionen más. Lo habitual es que el nivel de acierto en un aspecto tenga una finalidad o un propósito concreto.

Este es el caso de la proyección del geógrafo y matemático Gerardus Mercator que data del siglo XVI. Esta proyección, que hoy es tremendamente popular y la utilizan aplicaciones como Google Maps, está planteada en origen para servir como carta de navegación, ya que genera un mapamundi con ángulos rectos que permitía a las embarcaciones trazar rutas de forma mucho más sencilla. Sin embargo, este esfuerzo, sin duda muy útil en una época en la que el comercio marítimo era fundamental, generaba distorsiones importantes en las superficies terrestres, sobre todo en aquellas más alejadas del ecuador. Así, un mapa con la proyección de Mercator crea una Groenlandia de tamaño gigantesco, mayor incluso que el continente africano, cuando en realidad África es casi catorce veces mayor que el territorio groenlandés. Ocurren sucesos similares con buena parte de Rusia, Canadá o Alaska, representados de forma inmensa cuando, aun siendo zonas bastante amplias, no lo son tanto como se da a entender con esa proyección.

Como es lógico, en las últimas décadas se han producido intensos debates sobre la idoneidad de utilizar determinadas proyecciones por la distorsión que trasladan a la sociedad. Recordemos que seguimos usando de forma mayoritaria un mapa pensado para mercaderes del siglo XVI. En un intento de sustituir la proyección de Mercator se ha promocionado la proyección de Gall-Peters, que data del siglo XIX y que «estira» verticalmente los continentes cercanos al ecuador. Sin embargo, también plantea un problema: al suavizar las deformaciones de los países templados del norte, se agrandan excesivamente continentes como África o Sudamérica.

Por suerte, poco a poco nos hemos ido acercando a una proyección que goza de consenso por ser la que tiene un menor nivel de error. La elegida es la proyección de Winkel-Tripel, que genera distorsiones reducidas en todos los aspectos relevantes, y por ello se la considera la más acertada, al menos en el plano matemático y estético. De hecho, es la proyección que desde 1998 utiliza la National Geographic Society en sus mapas. Así que cada vez que veas un mapa, recuerda: el mundo no es como crees.

LA ONU SÍ ES DE BASTANTE UTILIDAD

La Organización de Naciones Unidas ha sido uno de los actores clave en el mundo desde el final de la Segunda Guerra Mundial, y durante todo ese tiempo una crítica ha estado presente: la ONU es un elemento inútil, no vale para nada y causa más problemas que aporta soluciones. No obstante, una afirmación tan taxativa es bastante matizable desde el punto de vista histórico, político, económico, social o cultural. Sin obviar que en sus años de vida esta organización ha cometido muchos errores y en algunos aspectos su diseño es enormemente disfuncional, en su haber también tiene muchos aciertos y, sobre todo, ha evitado problemas mayores que a menudo pasamos por alto y que han sido fundamentales para vivir en un mundo mejor.

La creación de la ONU hay que entenderla en un contexto concreto, que es el de la Segunda Guerra Mundial. Entre 1941 y 1942, cuando Estados Unidos se debatía entre entrar o no en el conflicto —lo que finalmente hizo tras el ataque japonés a Pearl Harbor—, también se empezaba a diseñar un futuro mundo de posguerra en el que las potencias del Eje (Alemania, Japón e Italia) acabarían derrotadas. La idea era crear una serie de organizaciones internacionales que obligasen a los Estados a comportarse conforme a unas mínimas reglas consensuadas o acatadas por todos ellos, de forma que así se minimizaban los conflictos entre los países y se creaban cauces para solucionar las diferencias de una forma pacífica. También era un intento por resucitar el espíritu de la Sociedad de Naciones, una entidad similar a la actual ONU que fue creada tras la Primera Guerra Mundial pero que tuvo numerosas carencias y apenas fue respetada, por lo que su objetivo acabó cayendo en saco roto. La idea de la ONU era, precisamente, no repetir esos errores.

Así pues, en cuanto Alemania y Japón fueron derrotadas en 1945, la ONU echó a andar. La gran mayoría de los países entonces independientes (hay que tener en cuenta que aquel año muchos territorios de Asia y África eran colonias de países europeos) se integraron en la nueva organización y pasaron a formar parte de sus dos pilares básicos: por un lado, la Asamblea General, donde cada país tenía voz y el mismo poder de voto; por otro, el famoso Consejo de Seguridad, donde las grandes potencias vencedoras de la contienda (Estados Unidos, la

Unión Soviética, el Reino Unido, Francia y China) se aseguraron un asiento permanente en un organismo con mayor poder que la Asamblea, mientras que otros diez países rotarían. La novedad de este Consejo de Seguridad era que los cinco permanentes tenían poder de veto: si uno de ellos rechazaba una resolución, esta no podía prosperar. El sentido común y la lógica democrática indican que este tipo de decisiones puede que no sean las más justas del mundo, ya que ofrece la capacidad a un único país de bloquear cualquier decisión. Sin embargo, las lógicas geopolíticas a menudo transitan por derroteros distintos. El sentido que subyace a esta decisión era ofrecer a las grandes potencias una oportunidad para no quedar nunca descontentas con una resolución. Si no les hacía mucha gracia pero tampoco las perjudicaba, simplemente se podían abstener; si veían que sus intereses peligraban, la podían bloquear. Así se evitaba que cualquier país, al ver cómo constantemente se tomaban decisiones en contra de sus intereses, abandonase la organización. Se limitaba mucho la posibilidad de tomar decisiones, sí, pero también se reducía en la misma proporción la posibilidad de tensiones o conflictos, ya que existía una forma directa de evitarlo: el veto.

Este mecanismo, en el contexto de la Guerra Fría, limitó y mucho las políticas e intervenciones de la ONU para con numerosos conflictos y crisis internacionales, pero a su vez garantizó que los intereses de Estados Unidos y la Unión Soviética fueran respetados, pues bloqueaban las decisiones. En aquella segunda mitad del siglo XX, los vetos de las potencias se cuentan por decenas. Sin embargo, también se llegó a acuerdos importantes, como el despliegue de misiones de paz. Lo que hoy conocemos como «cascos azules» fue un invento para tener un cuerpo internacional que actuase como fuerza de interposición entre dos contendientes, evitando que continuasen combatiendo y así forzarles a buscar una solución pacífica. Esta solución era mejor que utilizar tropas nacionales de distintos países, ya que siempre iba a existir la sospecha de que estas tropas podían, por interés, favorecer a una de las partes.

Una de las primeras misiones de este tipo que la ONU desplegó fue la de Cachemira en 1949, la región disputada entre la India y Pakistán que desde entonces ha traído consigo tres guerras —con ambos contendientes en posesión del arma nuclear— y que todavía continúa activa. De igual manera, quienes hayan viajado a Chipre, y en concreto a su capital, Nicosia, se habrán encontrado con que una zona de seguridad parte la ciudad en dos. Esa zona es el área desmilitarizada que impuso la ONU en 1964 para evitar más enfrentamientos entre las comunidades greco-chipriota y turco-chipriota. Pero incluso después de la Guerra Fría estas misiones tuvieron importancia: en los años posteriores a la caída de la Unión Soviética, el Consejo de Seguridad aprobó decenas de misiones de paz para conflictos como el de Yugoslavia, el genocidio de Ruanda o la guerra civil en Somalia.

No obstante, lo que ocurre en el mundo va más allá de los conflictos armados, y en otros muchos aspectos el sistema de Naciones Unidas ha desarrollado políticas y acuerdos para mejorar la vida de los habitantes del planeta. De hecho, de los casi 50.000 millones de dólares que esta organización maneja de presupuesto, apenas un 18 % está destinado a las operaciones de paz, mientras que un 70 % de ese dinero se orienta a distintas agencias y proyectos. Una de las agencias más conocidas es Unicef, que además de ser la que más presupuesto maneja, tiene como objetivo la protección de la infancia y sus madres en el mundo. Por los cálculos que hace la propia Unicef, sus programas de inmunización salvan al año entre 2 y 3 millones de niños en el mundo, al igual que los de vacunación, donde en lo que va de siglo 2.500 millones de niños, cerca de un tercio de la población mundial, han recibido vacunas, sobre todo en países en desarrollo y donde las ratios de mortalidad infantil son más elevadas. Otro de los pilares de la acción de la ONU es el Programa Mundial de Alimentos, diseñado como una forma de responder rápidamente a las personas necesitadas de alimento tras una catástrofe importante, caso de sucesos naturales o conflictos armados. Hoy este programa asiste a más de 90 millones de personas en el mundo, incluyendo lugares que se han convertido en un infierno para quienes aún permanecen allí, caso de Siria o Yemen, asolados por la guerra durante años. Y así podríamos seguir con otras agencias enormemente conocidas, como la Unesco, el Alto Comisionado de las Naciones Unidas para los Refugiados (ACNUR) o la ya citada OMS.

Todo lo anterior no quita para que Naciones Unidas haya cometido errores y a veces sea ineficiente en su labor. Hay que tener en cuenta que su autonomía no es plena, ya que en muchos casos depende de los recursos —económicos y materiales— que le aportan los Estados miembros de la ONU, y estos se mueven por intereses de todo tipo que no siempre son los mismos que tiene Naciones Unidas. Así, en muchos casos la acción de sus proyectos queda ralentizada, o incluso paralizada, por la escasa colaboración de los Estados. Porque en la organización también ha habido varios escándalos de corrupción, con funcionarios acusados de aceptar sobornos o de malversar fondos de determinados proyectos. Incluso ha afectado a los cascos azules, algunos de ellos acusados en distintas misiones de abusos de poder —incluyendo delitos sexuales— contra personas a las que, se supone, debían proteger.

Aunque existan sombras en todos estos años, parece evidente que el mundo es un lugar mejor gracias al sistema de Naciones Unidas. El gran logro, sin embargo, es haber aprendido del pasado. La Sociedad de Naciones se pensó para evitar una nueva guerra, y su fracaso condujo, entre otros factores, a la Segunda Guerra Mundial. El mundo, por suerte, tomó conciencia de que un error de ese calado no se podía volver a repetir porque entonces podría suponer una guerra nuclear. No sabemos si en aquel momento recordaron la frase de Erasmo de Róterdam: «La paz más desventajosa es mejor que la guerra más justa».

EL AÑO NO EMPIEZA EN TODOS LADOS EL 1 DE ENERO

Cada 23 de abril es el día de los amantes de la lectura, ya sea de aquellos cuya labor es juntar letras o de quienes se desviven por atraparlas para sí. En ese Día Internacional del Libro, una fiesta promovida desde hace más de tres décadas por la Unesco, se busca el fomento de esa práctica tan recomendable como es la lectura (y, por motivos evidentes, tú ya conoces sus beneficios). La organización escogió esta fecha como un símbolo de la literatura mundial, ya que ese mismo día de 1616 fallecieron dos insignes autores, Miguel de Cervantes y William Shakespeare, sin duda referentes de la literatura en castellano e inglés, respectivamente.

Pero lo cierto es que la Unesco tuvo que hacer algunas trampas para poder elegir esa fecha con cierto sentido, ya que ese día de 1616 solo murió Gómez Suárez de Figueroa, más conocido como Inca Garcilaso de la Vega, uno de los primeros y grandes autores hispanoamericanos. Cervantes, técnicamente, falleció el día anterior, el 22 de abril, y Shakespeare pasó a mejor vida el 23 de abril… del calendario juliano, que equivaldría al 3 de mayo del calendario católico de la época, es decir, que sobrevivió poco más de diez días a Cervantes. La cuestión es que lo que hoy nos parecen datos absolutamente objetivos como son las fechas del calendario, en realidad son construcciones cargadas con un enorme valor político y, como evidencian los fallecimientos de los autores mencionados, con tendencia a llevarnos al error si no caemos en los matices que diferencian uno de otro.

Y es que aunque estemos acostumbrados a celebrar la llegada de un nuevo año cada primero de enero, lo cierto es que la adopción de esta fecha no es que sea relativamente reciente, sino también arbitraria y, en muchos aspectos, carente de cualquier relación con el fenómeno astronómico que motiva la celebración (haber completado una vuelta alrededor del Sol). Tal es así que en otros lugares del planeta se manejan otros calendarios de forma paralela, muchos de ellos basados en creencias religiosas o culturales diferentes de la occidental y que, lógicamente, tienen su inicio o final de año en lugares nada coincidentes con el primer día de enero. Aunque suponemos que lo primero que quieres saber es por qué Cervantes y Shakespeare, a pesar de morir el mismo día, murieron en días diferentes.

En el año 46 a.C., Julio César, ya dictador de Roma, introdujo un nuevo tipo de calendario que venía a corregir el desfase de aquel utilizado hasta ese momento: el lunar, con 355 días, generaba claras diferencias con la referencia solar, de 365 días. Alrededor de un siglo antes ya se había institucionalizado el inicio del año cada primero de enero frente al mes de marzo (Martius), donde se realizaba hasta el momento coincidiendo con el equinoccio de primavera (una de las fechas donde realmente vuelve a «comenzar» el año). El problema del calendario juliano es que aún mantenía un desfase con el tiempo real que nuestro planeta tarda en hacer el movimiento completo de traslación alrededor del Sol. En concreto, una brecha de once minutos y catorce segundos de más en cada vuelta, por lo que cada casi 130 años nuestro mundo se alejaba uno sobre el tiempo real. Esta cuestión, a largo plazo, no implicaba mucho más que acabar celebrando la Navidad en pleno verano en el hemisferio norte. Sin embargo, a la Iglesia de Roma sí que había un detalle que le importaba: dado que la fiesta de la Pascua —mediante la cual se estructuraban el resto de las festividades cristianas— se fijaba con el equinoccio de primavera y este día cada vez se adelantaba más por el desfase temporal del calendario, con el tiempo la Semana Santa acabaría dándose en febrero o en enero, lo cual no podía ocurrir dado que la tradición indicaba que Jesucristo había muerto en primavera. Por tanto, se hacía necesario corregir ese regalo de tiempo y así poder fijar siempre en el mismo día el equinoccio primaveral.

Esa reforma llegó con el papa Gregorio XIII en 1582. Sin embargo, no hicieron nada revolucionario. El añadido gregoriano —así se llama nuestro calendario actual— corrigió el minutaje institucionalizando que cada cuatro años se añadiese un día para corregir las seis horas de más que tarda nuestro planeta en volver a su posición inicial cada año. En consecuencia, actualmente «solo» nos adelantamos medio minuto por cada año nuevo. El desfase ya generado hasta ese momento, por cierto, lo resolvió la bula papal de una forma bastante tajante: eliminando los días que había que recuperar. En consecuencia, el día siguiente al 4 de octubre de 1582 fue el viernes 15 de octubre. Los días intermedios simplemente no existieron. Esta adaptación, sin embargo, la hicieron tan solo unos pocos países de religión católica, mientras que otros muchos territorios protestantes desoyeron, como es lógico, la nueva recomendación vaticana. El Reino Unido no adaptaría esta versión hasta 1752, casi un siglo y medio después de fallecer Shakespeare. En consecuencia, el autor de *El ingenioso hidalgo don Quijote de la Mancha* falleció un 23 de abril, solo que del calendario gregoriano, mientras que el autor inglés hizo lo propio en el calendario juliano.

Otra derivada que incluyó el decimotercer papa Gregorio fue la fecha del cambio de año. Durante buena parte de la Edad Media se venían utilizando distintos días para ese momento, normalmente coincidiendo con festividades en el mes de marzo (cerca del equinoccio) o en diciembre (coincidiendo con la Navidad). Pero aquel descontrol también llegó con la reforma del calendario, ya que el papa fijó el 1 de enero como el día en el que el nuevo año comenzaba, coincidiendo con la festividad de la circuncisión de Jesús.

La cuestión es que ese establecimiento en el calendario, totalmente arbitrario, tiene poco o nada que ver con otras fechas en distintas zonas o religiones del mundo. El matiz reside en que finalmente, por una cuestión de poder cultural, el calendario gregoriano ha acabado imponiéndose a escala mundial como una especie de «calendario franco». Con todo, en el cristianismo ortodoxo todavía resiste el calendario juliano, especialmente para las fiestas religiosas más señaladas, como la Navidad (ahora mismo fijada en el 7 de enero gregoriano).

Por ejemplo, el calendario hebreo, que es una combinación del solar y el lunar (llamado «lunisolar»), además de ir actualmente por el año 5.780, mueve su nuevo año —la festividad de Rosh Hashaná— a lo largo de la traslación terrestre, ya que va atada al mes de Tishrei, que además sufre importantes especificidades sobre cuándo debe empezar, de tal manera que condiciona en buena medida el calendario de la religión judía.

Algo similar le ocurre al calendario chino, también lunisolar, aunque más constreñido que el hebreo. El inicio de esta festividad se produce con la segunda luna nueva tras el solsticio de invierno en el hemisferio norte (que se da entre el 20 y el 23 de diciembre), lo que redunda en que el nuevo año, según la tradición china, normalmente caiga entre finales de enero y la primera quincena de febrero.

Por el contrario, el que es enteramente lunar es el calendario islámico, y eso condiciona poderosamente sus fiestas, incluyendo su año nuevo u otras como el mes de Ramadán, ya que hace que vaya rotando a lo largo del calendario solar. Si a principios de siglo fue abril el mes en el que se dio la bienvenida por parte de los musulmanes al nuevo año, en el 2010 iba por diciembre y en el 2020 caerá en agosto, lo que en muchos aspectos influye en determinadas tradiciones asociadas a las fiestas, como el ayuno, que no es lo mismo llevarlo a cabo en verano, con días más largos, que en invierno.

Y estas son solo las grandes religiones de nuestro tiempo. Si vamos a otros contextos culturales más localizados nos encontramos con festividades tan variopintas como el año nuevo maya o el aimara, pero también con la festividad etíope, la iraní e incluso la hindú, que prácticamente coincide en el tiempo con el festival Diwali, cada vez más popular en el mundo. No obstante, desde una perspectiva puramente técnica, todos los días seguimos estando en el mismo punto de partida que hace un año respecto al Sol.

6

Política y democracia
La política no es como parece

Ha causado cismas y arruinado comidas familiares. Nos inunda a todas horas y muchos creen saberlo todo. La política es, desde tiempos inmemoriales, un tema central en nuestras vidas. Queramos o no, todo es política y todo tiene algo de político. Quizá por ello también se ha convertido en un enorme depósito de inexactitudes, debates peregrinos y, literalmente, de desinformación.

Este capítulo se puede ver como un intento por zanjar discusiones a menudo absurdas o desenfocadas, como también puede acabar convirtiéndose en munición para algunos argumentos. Toca cuestiones que pueden considerarse polémicas o al menos abordar perspectivas que no eran habituales hasta el momento, aunque bien es cierto que nunca pierde el objetivo de este libro: fomentar la reflexión y el debate, aunque sea con un ligero picor.

La primera república democrática moderna y una potencia indiscutible en la política, la economía y la cultura a nivel mundial. Todo eso es Estados Unidos. Y lo cierto es que durante décadas se ha proyectado lo primero como un sinónimo de democracia sin igual. En la visión que tienen los estadounidenses de sí mismos, el país presenta unos elevados estándares democráticos que no tienen rival en el mundo. Esto se puede ver de forma frecuente en sus discursos políticos o en elementos culturales tales como la música, el cine o la literatura. Pero no es cierto. Estados Unidos no es que no sea el país con el régimen democrático más desarrollado del planeta, sino que puede considerarse que ni siquiera tiene unos estándares que podamos entender como altamente avanzados.

Sin embargo, para centrar un poco el análisis, antes tenemos que definir o acotar qué es o qué entendemos por un régimen democrático, ya que, de lo contrario, corremos el riesgo de que cada uno lo interprete libremente y acabe siendo un concepto vacío (un poco lo que le ocurre al término *populismo*).

Como definición de bolsillo, podemos entender una democracia como aquel sistema en el que quienes gobiernan pueden llegar y salir del poder de una forma justa y legítima, es decir, que compiten en igualdad de condiciones por alcanzar esos puestos y aceptan sus derrotas como un resultado normal y esperable del sistema en el que viven. Si vamos a algo más elaborado, esta idea trasciende la simple equivalencia entre democracia y votar; supone una cantidad enorme de variables y requisitos que, según se den en mayor o menor intensidad, generan una democracia de mayor o menor calidad (y su ausencia grave significaría la existencia de una autocracia o dictadura). Por ejemplo, un sistema democrático requiere de pluralidad mediática, de un sistema judicial independiente, de igualdad de oportunidades, respeto de las minorías y niveles de corrupción tan bajos como sea posible, entre otras muchas características. Solo así se consigue un sistema que se perciba legítimo y justo por gobernados y gobernantes. Y esto, por supuesto, como añadido a que exista un Estado de Derecho, o lo que es lo mismo, que a los gobernantes también se les apliquen las leyes y se respeten los derechos humanos.

¿Y qué papel pinta en todo lo expuesto Estados Unidos? Si estas características las intentamos cuantificar, el resultado es lo que hace cada año la Unidad de Inteligencia de la revista *The Economist* mediante el llamado «Índice de Democracia». En la última edición, haciendo referencia al año 2018, el resultado para Estados Unidos fue una catalogación como «democracia imperfecta» (frente a las «democracias plenas», que son unas veinte en el mundo, incluyendo España), un nivel en el que se encuentra desde 2016. Tampoco es catastrófico, ya que otros países que a menudo concebimos como democráticos, caso de Francia, Italia o Japón, también se encuentran dentro de este grupo de imperfectos. Sin embargo, ni ahora ni antes, cuando sí ostentaba la categoría de «democracia plena», obtenía una puntuación suficiente para considerarla una democracia de altísima calidad, ya que otros países, caso de su vecino Canadá, Australia, Irlanda o los países nórdicos, han superado históricamente a Estados Unidos en este índice.

Pero todavía hay una cuestión en el aire, y es la razón de que Estados Unidos tenga semejante puntuación, ya que en principio ha tenido casi doscientos cincuenta años para perfeccionar el sistema que ellos mismos levantaron. Pues, paradójicamente, en esa longevidad está una de las claves.

Hay que tener en cuenta que el país que hoy conocemos se creó a finales del siglo XVIII (1776), en plena Ilustración y en el marco de una guerra de independencia colonial. Fue entonces cuando se establecieron las bases de un sistema político que en buena medida son también los pilares del sistema actual estadounidense; sin embargo, como es lógico, el contexto de una Edad Moderna que llegaba a su fin no es el mismo que el de nuestro siglo actual. Algunos de esos fundamentos residen, por ejemplo, en la estrecha conexión entre religión y Estado, y que en el caso del protestantismo (mayoritario en aquella época y hoy todavía la religión más profesada) fusiona dos ideas: primero, la visión calvinista de que para ir al Cielo hay que demostrarle a Dios que se merece un lugar en él mediante la dedicación al trabajo, y segundo, el mito de una tierra libre y donde prosperar (los peregrinos que llegan a bordo del *Mayflower* en 1620), teniendo como resultado ese ideal del sueño americano del que hablamos en el capítulo 2. Pero también hay otros puntos clave, como una profunda desconfianza en lo que entonces se concebía como el Estado (una estructura represiva que si acumulaba demasiado poder se convertía en una monarquía tiránica), lo que resultó en otorgar mucho poder a los territorios estatales y muy poco al Gobierno federal, una lógica también presente en el famoso derecho de los estadounidenses a portar armas (no podrá haber un Estado autoritario si los ciudadanos tienen la posibilidad de alzarse en armas para evitarlo).

Este tipo de cuestiones, con enorme sentido en el contexto histórico de entonces, han permeado hasta la actualidad sin apenas cambiar, aunque el mundo sí lo haya hecho. Es por ello que un sistema democrático tremendamente avanzado para los estándares del siglo XVIII —e incluso para muchos del siglo XIX o del XX— se ha quedado obsoleto para el mundo actual, aunque continúe generando lógicas y políticas disfuncionales para lo que su propio país requiere.

Por ejemplo, la abolición de la esclavitud en Estados Unidos se declaró oficialmente en 1863, e igualaba ante la ley a los afroestadounidenses con la población blanca. Sin embargo, hasta 1965 —¡más de un siglo después!— no entró en vigor otra ley que les daba igualdad al votar, ya que hasta entonces determinados estados dificultaban el voto de los afroestadounidenses mediante distintas argucias legales y no legales. Si los hitos legales son los más «fáciles» de conseguir (no es más que la aprobación de una ley que lo refleje), los sociales, económicos o culturales son mucho más complicados y duraderos, ya que son evoluciones muy lentas que implican a toda la sociedad. Por este motivo, todavía hoy la población afroestadounidense tiene menores niveles de renta, de educación o de representación política que la población blanca. A esta situación se le une el rechazo visceral que existe en Estados Unidos a las políticas de bienestar (se perciben como un refuerzo del Estado y, por ello, una amenaza), lo que dificulta llevar a cabo medidas de redistribución que mejoren la calidad de vida en amplias capas de la población, como hacen, no tan paradójicamente, la práctica totalidad de países que superan a Estados Unidos en calidad democrática.

Si las barreras socioeconómicas suponen buena parte del problema democrático estadounidense, también existen otras que no hay que pasar por alto. Una de ellas es el bipartidismo que impera en el país desde el origen de los tiempos, y que tradicionalmente ha dado lugar a que no haya una mayor pluralidad y competición política; otra son los extraños arreglos que se hacen con las circunscripciones electorales y que son una forma poco sutil aunque legal de fraude electoral (el llamado «gerrymandering»), y así podríamos continuar durante varias páginas. De modo que si alguien quiere tomar una referencia para ser más democrático, mejor que siga el ejemplo de Noruega.

UNA MONARQUÍA NO ES NECESARIAMENTE MENOS DEMOCRÁTICA QUE UNA REPÚBLICA

Con frecuencia, el mundo es demasiado complejo para generalizar basándonos en una característica que nos sirva para hacer la parte por el todo. Una de ellas es, por ejemplo, aquella que afirma —o sugiere, para quienes son más sutiles— que las monarquías tienen un menor nivel democrático que las repúblicas. Esta cuestión, sin embargo, es bastante matizable por la generalización que antes mencionábamos: se condiciona la calidad democrática de un país a una característica suya —la forma de elección del jefe del Estado—, cuando lo cierto es que la mayor o menor calidad democrática viene dada por una suma de muchos factores.

Sí sería cierto decir, por ejemplo, que una monarquía tiene, en comparación con una república, un déficit democrático precisamente por cómo se elige a la máxima autoridad del Estado. Parece obvio decir que, en una lógica democrática por la cual el acceso a los puestos de poder se da de una forma justa y legítima, el hecho de que a ese puesto solo se pueda llegar si se es descendiente del monarca de turno —o está integrado en la línea sucesoria— no reúne esas características democráticas, algo que en una república sí ocurre, o al menos en teoría, ya que en muchos casos veremos que no es así. Y precisamente en ese matiz está la clave. Si atendiésemos a la simplificación del principio, países como Noruega, Suecia, el Reino Unido o los Países Bajos (todas ellos monarquías) serían menos democráticos que países como la República Democrática del Congo, Chad, la República Centroafricana o Turkmenistán, que ya avisamos no tienen nada de democráticos.

Los regímenes democráticos se forman mediante una suma de características, y según en qué medida se den, hacen del país más o menos democrático. La elección del jefe del Estado es, lógicamente, una de ellas, pero su influencia en el resultado final es mínima si el resto de las decenas de variables que existen apuntan en una u otra dirección.

En la actualidad existen unas veintiocho monarquías en el mundo. Bueno, en realidad son cuarenta y cuatro, pero dieciséis comparten reina, Isabel II, que además de ser la monarca del Reino Unido, también lo es simbólicamente de muchos territorios que fueron colonias británicas, tales como Canadá, Australia, Nueva Zelanda y numerosos países del Caribe. Sin embargo, estos Estados funcionan prácticamente como repúblicas. De los veintiocho, además, habría que poner entre paréntesis al Vaticano, ya que no es un Estado propiamente dicho (de hecho, en la ONU solo tiene rol como observador). Más allá de esta curiosidad, y atendiendo a la clasificación del Índice de Democracia de *The Economist*, de los veinte países que en el 2018 fueron considerados como «democracias plenas», siete eran monarquías (Noruega, Suecia, Dinamarca, Países Bajos, Luxemburgo, Reino Unido y España), a las que se podrían añadir Canadá, Australia y Nueva Zelanda para sumar un total de diez. En el otro extremo, entre las peores dictaduras del planeta, dentro de las treinta últimas también podemos encontrar monarquías como Omán, Esuatini (antes conocido como Suazilandia), Emiratos Árabes Unidos, Baréin o Arabia Saudí. Por tanto, podemos concluir que la condición de monarquía no influye en que un país acabe siendo democrático o no, sino más bien otros factores como la existencia o ausencia de libertades políticas y civiles (de expresión, manifestación, reunión...), las violaciones de derechos humanos, la corrupción desmedida o una judicatura independiente, entre un largo etcétera.

Esta misma situación es aplicable a las repúblicas. *República* indica simplemente que el jefe del Estado es un cargo electivo en vez de hereditario o restringido a un grupo concreto de personas por cuestiones dinásticas, como ocurre en las monarquías. Pero, de nuevo, lo que nos encontramos en el mundo a veces difiere bastante de la teoría. Háfez al-Ásad gobernó Siria durante casi tres décadas, entre 1971 y su muerte en el año 2000. Dentro de este régimen autoritario, la familia al-Ásad (que significa «El león» y que inicialmente era un apodo) ocupa un lugar principal dentro de los resortes del Estado. Háfez educó a su hijo Basel para sucederle al frente del país, pero este falleció en un accidente de tráfico en 1994. En aquel momento, su hermano Bashar residía en Londres, donde trabajaba de oftalmólogo, y poco quería saber de la política siria. Sin embargo, cuando el heredero oficioso falleció, Bashar tuvo que reemplazarle, y en el año 2000 accedió a la presidencia que dejó vacante su padre. Hoy es ese mismo Bashar al-Ásad que ha aguantado una guerra civil de casi una década en su país contra distintos grupos, incluyendo los yihadistas del Dáesh, y el que presumiblemente ha llevado a cabo numerosos crímenes de guerra, desde torturas hasta bombardeos sobre población civil.

No es extraño, por tanto, que regímenes republicanos funcionen *de facto* como monarquías, ya sea la Siria de los al-Ásad, la Corea del Norte de los Kim (de Kim Il-sung, padre de Kim Jong-il y este, padre del actual presidente, Kim Jong-un) o la Guinea Ecuatorial de los Obiang. Y estos son los casos más evidentes, porque existen otros muchos ejemplos en los que el presidente de turno designa a su sucesor, que no necesariamente es un familiar. Sin embargo, estos países tampoco tienen un déficit democrático (solo) por su fraudulenta forma de suceder en la jefatura del Estado, sino que presentan carencias en multitud de aspectos que los conducen irremediablemente al grupo de las autocracias.

Pero aún queda una pregunta en el aire. Si las monarquías tienen por sistema un déficit democrático, por pequeño que sea, ¿cómo es que una gran proporción han sobrevivido precisamente en países con elevados niveles de democracia? Para entender esto hay que tener en cuenta que, al menos en el caso europeo, donde se encuentran la mayoría de las monarquías democráticamente avanzadas, el conflicto entre poder real y poder civil ha sido una constante durante siglos. En algunos casos no ha habido un amplio cuestionamiento del papel de la monarquía, que incluso tiene un lugar central dentro de la identidad nacional, como ocurre en el Reino Unido o en Japón; en otros, la monarquía acabó francamente mal, caso de los Borbones franceses —guillotinados— o los Románov rusos —tiroteados en un sótano—, y en otras hubo una transición no sangrienta hacia el régimen republicano, normalmente por la disolución del país que daba sentido a esa monarquía, ya fuese el Imperio alemán o el austro-húngaro, ambos desaparecidos tras su derrota en la Primera Guerra Mundial. Sin embargo, la supervivencia de muchas de las monarquías restantes se debió a un pactismo entre la monarquía absolutista de los siglos XVII y XVIII y la burguesía que poco a poco ganaba poder y quería mayor representatividad política. Así, dentro de la ola de liberalismo político que recorrió Europa durante el siglo XIX, en muchas monarquías se dio el siguiente dilema: o comenzaban a ceder poder político a las instituciones civiles o se arriesgaban a revueltas y a un posible derrocamiento del régimen monárquico. En lugares como los países nórdicos, la mayoría de los actores políticos aceptaron la primera premisa, también como una forma equilibrada de contener al creciente movimiento obrero que surgió con el marxismo. Estas reformas progresivas y poco revolucionarias evitaban grandes turbulencias políticas al tiempo que aseguraban avances en cuanto a mayores derechos políticos para el pueblo.

Hoy en día, las monarquías parlamentarias se caracterizan por un papel meramente testimonial y protocolario del monarca. Su rol dentro del juego político ha quedado reducido a las labores de representación del Estado, sancionar las leyes y, en algunos casos, actuar como árbitro de la política nacional, si bien estas funciones se ejercen de manera simbólica. Así, igual que no hay que juzgar un libro por su cubierta, tampoco habría que juzgar una democracia por si lleva corona.

EL MUNDO NO SE DIVIDE SOLO EN DEMOCRACIAS Y DICTADURAS

¿En qué momento un país deja de ser una democracia y se convierte en una dictadura? Para algunos es una simple cuestión de conveniencia: si el dirigente de turno actúa conforme a determinados postulados o es afín a ciertas posiciones políticas, será un demócrata o un autócrata según los ojos de quien mire. No es una situación infrecuente: Nicolás Maduro, como Hugo Chávez en su día, era un ferviente y revolucionario demócrata en la perspectiva de algunos sectores y un tirano de la peor calaña para otros; Recep Tayyip Erdogan, el actual presidente turco, hace unos años era recibido como un reformista convencido de la democracia para un país que se estaba transformando, y hoy queda claro que la deriva autoritaria en Turquía es cada vez más evidente; el exdirigente boliviano Evo Morales era acusado por la oposición de estar convirtiendo a su país en una dictadura, al tiempo que otros alababan su compromiso con los estándares democráticos; lo primero, amén de sus intentos de perpetuarse en el poder de formas irregulares, fue lo que motivó el golpe de Estado en noviembre del 2019 y su salida del poder. Y habría muchos más ejemplos.

Lo cierto es que esa aparente dicotomía entre democracia y dictadura es falsa. No existe, o al menos es mucho más borrosa de lo que a primera vista se puede pintar como blanco o negro. Y aquí es donde entran en juego los llamados «regímenes híbridos» o «anocracias». Este concepto agrupa aquellos lugares donde su situación política contiene elementos propios de una democracia más o menos asentada con otros de una dictadura. No es algo extraño e incompatible aunque lo pueda parecer. Hay que tener en cuenta que existen decenas de características por las cuales un determinado Estado puede estar más cerca de un régimen autocrático o de una democracia (o estar en uno de los dos grupos, directamente). Así, cierto equilibrio en esa composición le llevará de forma irremediable al grupo de los híbridos. Por ejemplo, un país podría estar celebrando unas elecciones medianamente limpias, pero luego tener serios problemas de independencia judicial e injerencia del Gobierno en ese poder; podría estar garantizando de forma aceptable los derechos fundamentales de la población y en cambio poner numerosos obstáculos legales o políticos al juego de la oposición. En definitiva, dar una de cal y otra de arena.

Y es que establecer un régimen democrático no es para nada sencillo, menos aún hacerlo de la noche a la mañana. Tampoco lo es instaurar una dictadura; salvo casos extremos (un golpe de Estado militar, por ejemplo), los países van deslizándose por la pendiente de la autocracia durante un tiempo hasta llegar a ella. En la cara democrática hay que conjugar de forma simultánea un gran número de elementos que permitan calificar a ese régimen político como tal. Conviene recordar que las democracias son, en muchos aspectos, más frágiles que las dictaduras y requieren de una colaboración y una conciencia constante de (casi) todos los actores implicados en el juego político, desde los electores hasta los partidos, pasando por jueces, policías, militares, medios de comunicación e incluso importantes empresas estratégicas. Si uno solo de ellos con cierto poder se desmarca de esta línea, todo puede irse al traste, lo mismo que si un porcentaje no muy elevado de la ciudadanía abraza posicionamientos extremistas y otros actores se suman a ese juego.

En la actualidad, la mayoría de la gente en el mundo vive en regímenes democráticos, sobre todo gracias al peso poblacional que tiene la India, pero una proporción sustancial de los habitantes del planeta lo hacen también en estos regímenes híbridos. Y lo cierto es que en muchos aspectos es un estatus algo cotizado, especialmente bajo las lógicas personalistas y nacional-populistas que están cobrando fuerza en el mundo actual, ya que permite tener rasgos democráticos —lo que evita críticas contundentes de ser una dictadura— al tiempo que posibilita llevar a cabo determinadas políticas que refuercen el poder establecido, a determinados presidentes o incluso a partidos políticos concretos. Los matices del gris nunca tuvieron tanta importancia en nuestro mundo.

No todos los territorios tienen derecho a la autodeterminación

Salvo excepciones, el mundo ha cambiado bastante más rápido de lo que lo han hecho las leyes que lo regulan. Es normal. Crear normas para cuestiones que todavía no son una realidad o que pueden acabar en nada es, además de un ejercicio de continua política ficción, un enorme derroche de tiempo. Por eso lo habitual es que las leyes se creen cuando el problema ya está llamando a la puerta, aunque también puede ocurrir lo opuesto: que las normas creadas en su momento se queden obsoletas al regular un mundo que ya no existe. En cualquiera de los casos, y para valorar de una forma justa esas normas, hay que tener en cuenta los contextos político, económico, social o cultural del momento o situaciones que motivan crear esas leyes. Es similar a uno de los grandes males que padece la historia: mirar lo que ocurrió siglos atrás con ojos del presente.

El mundo tampoco es ajeno a esto. Y una de las cuestiones que peor han envejecido, especialmente por tanto manoseo interesado, es el llamado «derecho a la autodeterminación» que hoy se esgrime en muchas partes del mundo, en algunos casos de forma correcta y en otros como un mantra carente de significado. Porque lo cierto es que cualquier territorio del mundo no tiene por defecto ese derecho a la autodeterminación, o al menos no como se suele entender normalmente.

Cuando terminó la Segunda Guerra Mundial, lejos de los principales escenarios de la contienda se extendía un gigantesco mundo colonial. Apenas tenían voz y mucho menos voto, porque la práctica totalidad del continente africano y del asiático dependían de las decisiones que se tomasen en Londres, París, Ámsterdam, Bruselas, Madrid o Lisboa. Esta situación ya se había intentado cambiar en el periodo de entreguerras mediante organizaciones como la Sociedad de Naciones, pero la inestabilidad que trajo la mal cerrada Gran Guerra, sumada a la crisis de 1929, impidió cualquier avance en otorgar mayor libertad a los territorios del mundo bajo el yugo colonial. Sin embargo, en 1945 hubo una nueva oportunidad. La creación de la ONU trajo consigo la posibilidad de relanzar el mensaje —y, en la medida de lo posible, de llevarlo a cabo— y promover mayores libertades en aquellos territorios supeditados a las decisiones de las distintas metrópolis. Así, ya en el primer artículo de la Carta de Naciones Unidas se apuntaba «el respeto por el principio de la igualdad de derechos y por el de la libre determinación de los pueblos». Quedaba negro sobre blanco un concepto, el de la autodeterminación de los pueblos, que sería clave en las décadas siguientes. No obstante, estaba expresado de una forma un tanto ambigua, lo que llevaría a que la propia ONU tuviese que definirlo posteriormente de este modo: «La libre determinación significa que el pueblo de una colonia o territorio dependiente decide sobre la futura condición de su país». Así pues, en aquel mundo de posguerra, el derecho a la autodeterminación era aplicable a las colonias que aún existían en el planeta (y en las que vivía un sustancial porcentaje de la población mundial). Pero igual que una muñeca rusa, esa respuesta generaba nuevos interrogantes: ¿qué se podía entender como «colonia»? La ONU, de nuevo, pasó a definirlo como «un territorio cuyo pueblo todavía no ha alcanzado un nivel pleno de autogobierno». Ahora ya sí teníamos todas las piezas encima de la mesa.

Ese concepto que alude al nivel pleno de autogobierno a menudo se ha confundido con una especie de derecho a convertirse en un país independiente. Aunque el resultado habitual de la aplicación de ese derecho haya sido precisamente ese, el de la independencia para muchos territorios, no siempre ha sido así porque no son conceptos equiparables. Para que nos entendamos, cualquier país independiente puede considerarse que, en la teoría, tiene un nivel de autogobierno pleno, pero también se entiende que otros territorios no independientes han alcanzado ese nivel. Era evidente que muchos territorios africanos o asiáticos a finales de los años cuarenta, o incluso tiempo después, durante los cincuenta, sesenta o setenta, no tenían un nivel de autogobierno aceptable, ya que eran gobernados desde las metrópolis europeas. Sus ciudadanos no tenían representación política y por ello no participaban de las decisiones que se tomaban sobre el territorio en el que vivían; sus derechos humanos se violaban y no tenían ningún control —ni beneficio— de los recursos que existían y se explotaban en su territorio. Por eso mismo podían ser considerados una colonia, y al ser una colonia podían ejercer el derecho a la autodeterminación. Esta condición los avalaba para poder decidir su futuro libremente. Una de las posibles opciones era la independencia, camino que eligieron la mayoría de los territorios para librarse —al menos oficialmente— de la mano de las potencias coloniales, pero a su vez existían tantas posibilidades como ideas hubiesen llevado los territorios a votación: podían formarse federaciones o confederaciones de territorios independientes (hubo algunos efímeros ejemplos en África), seguir relacionados con la metrópoli de otra manera o incluso seguir adheridos al país del que dependían. El requisito era que debían poder elegirlo libremente.

Esta necesidad de libre elección explica, por ejemplo, las distintas argucias que se ingeniaron las potencias europeas para intentar sortear los requerimientos de la ONU, como dar estatus de provincia a las colonias (así lo hizo la España de Franco) o montar estructuras supraestatales (caso de la Unión Francesa, una especie de confederación compuesta por Francia y buena parte de sus colonias). Pero no sirvieron. El fondo no era equiparar legalmente los territorios o simplemente concederles la independencia, sino preguntar a sus habitantes qué estatus querían tener y posibilitar que se gobernasen a sí mismos.

El hecho de que los países colonizadores remoloneasen en esta cuestión llevó a que en el año 1960 la ONU relanzase su apuesta por la autodeterminación mediante la Resolución 1514 de la Asamblea General, que apremiaba a los países colonizadores a ejercer sus obligaciones y conceder la independencia a los territorios que aún mantenían bajo su dominio. No obstante, esto fue matizado con la Resolución 1541, donde se puntualizaba que, además de la independencia, existían otras formas en las que un territorio podía alcanzar ese pleno autogobierno, como la libre asociación con otro país o la integración dentro de un Estado independiente, lo que a su vez abría la puerta a que se pudiesen integrar dentro del país colonizador, solo que con un estatus no colonial. Pero, como sabemos, el mundo es más complejo y más variado que una simple categorización en territorios coloniales o no coloniales. ¿Qué ocurría si un Estado cometía serios abusos —incluyendo delitos de lesa humanidad— contra la población de una zona por motivos religiosos o étnicos? Y otra derivada importante: ¿dónde quedaba la autodeterminación de los pueblos que ya vivían dentro de un Estado independiente desde hacía tiempo? Hubo que dar respuesta a todos estos interrogantes.

En el caso de la primera incógnita (un Estado que atenta reiteradamente contra los derechos humanos de una zona concreta), se acabó acuñando el concepto de secesión como remedio, según la cual, cuando un Estado establecía una política activa de reprimir los derechos de parte de la población, a menudo concentrada en un territorio concreto, ya fuese por su religión, su etnia, el idioma o cualquier otro motivo, se podía llegar a la conclusión de que esa gente solo podía protegerse forzando la secesión del territorio y creando un nuevo Estado, ya que no existía ningún otro tipo de cauce político o legal para hacer valer sus derechos. Sin embargo, como cabía esperar, estas situaciones son vistas como excepcionales, ya que es preciso constatar que se están cometiendo auténticas barbaridades para poder abrir la vía, o de lo contrario podría servir de excusa para que cualquier territorio forzase su independencia amparándose en ella. De hecho, los casos en los que se ha aplicado esta doctrina son pocos. Uno de los más conocidos es Kosovo, que en el año 2008 se independizó unilateralmente de Serbia escudándose en este tipo de secesión, aunque poco más de la mitad de los países del mundo han reconocido tal independencia. Los kosovares argumentaban que, dentro de Serbia, su identidad y sus derechos serían cercenados, mientras pervivía el recuerdo de las guerras que asolaron la antigua Yugoslavia en la década de los noventa, una de las cuales fue la de Kosovo y en la que se temió una limpieza étnica similar a la que se dio en Bosnia, con el genocidio de Srebrenica, en julio de 1995, como ejemplo más claro. Por eso algunos políticos e instituciones —caso de la ONU o la Unión Europea— interpretaron que Kosovo necesitaba transitar hacia una salida pactada de Serbia. Sin embargo, no se llegó a ningún acuerdo y los kosovares acabaron por forzar la salida unilateral, escenario en el que aún hoy se mantienen.

Más sencilla es la explicación de la autodeterminación de muchísimos territorios y pueblos encuadrados en un Estado independiente y que, por suerte para ellos, no sufren persecuciones (o no en mayor medida que otra gente dentro de su propio país, en el caso de las autocracias). La ONU también dio una respuesta a esa incógnita con la Resolución 2625. En ese texto, además de recordarse por enésima vez que los países colonizadores no podían mantener colonias, se puntualizó que todas las disposiciones de la autodeterminación no debían tenerse en cuenta en aquellos países que ya respetasen plenamente las distintas religiones, etnias o nacionalidades existentes en su territorio y gozasen de los mismos derechos políticos y de representación que cualquier otra persona del país. En definitiva, no tenían derecho a la autodeterminación porque ya la podían ejercer a través de unos cauces legales y democráticos, y no necesitaban el amparo de la ONU o del derecho internacional para ejercerlo.

Lo cierto es que existen bastantes ejemplos de este ejercicio de la autodeterminación dentro de democracias asentadas en los últimos tiempos. En el año 2008, la isla de Groenlandia, que forma parte de Dinamarca, aprobó mediante referéndum la reforma de su estatuto de autonomía, que además de ganar competencias sobre el control de los hidrocarburos y la protección del idioma autóctono, abrió la puerta a un futuro referéndum de independencia. Aquella votación fue un ejercicio de autodeterminación, y si dentro de un tiempo votase la independencia, se consideraría otro ejercicio de autodeterminación del pueblo groenlandés. Algo similar ocurre en territorios como Quebec (Canadá) o Escocia (Reino Unido). En ambos se ha votado sobre la independencia como un ejercicio de autodeterminación que las leyes de estos países permiten. En ambos el resultado fue «no» (en Quebec por duplicado, en 1980 y 1995), pero se utilizan de manera frecuente como ejemplos de autodeterminación que respeta la legalidad nacional de sus respectivos países sin llegar a casos de separación unilateral, como el ya mencionado caso kosovar.

En consecuencia, el derecho a la autodeterminación, más que ser un concepto aplicable a cualquier contexto de manera uniforme, se trata en realidad de una adaptación caso por caso, comprobando si el territorio o pueblo que busca esa autodeterminación tiene derecho a ejercerlo con el respaldo de la ONU, o bien se entiende que ya lo puede ejercer sin ningún tipo de barrera dentro del Estado del que forma parte.

China no es un país comunista

Costaría creer que un país cuya bandera de fondo rojo y estrellas amarillas que simbolizan la revolución, gobernado por el Partido Comunista y antecedido en el nombre por «República Popular» no sea un férreo bastión del comunismo, pero la China actual dista mucho del comunismo en general y de la república fundada en 1949 en particular.

El comunismo, como concepto, va mucho más allá de una ideología. Se trata de un sistema político completo, con una ideología determinada, que aboga por la socialización de todos los medios de producción, eliminando así la propiedad privada (todo sería público) y las clases sociales, ya que en la lógica marxista se entiende que únicamente existen dos roles en la sociedad: los propietarios de los medios de producción (los capitalistas) y los asalariados que alquilan su fuerza de trabajo a los primeros (el proletariado). Sin Estado y sin clases sociales ni propiedad privada, el ideal comunista estaría cumplido. Sin embargo, nunca se ha llegado a cumplir en un sentido estricto. Porque si ha habido una constante en el mundo desde hace siglos es la existencia de Estados. Tal es así que la propia Unión Soviética tuvo como uno de sus primeros objetivos constituirse como Estado para poder fomentar las relaciones internacionales. Esto llevó a su vez a que los medios de producción fuesen estatales, no del proletariado, por lo que se estaba lejos del objetivo de Marx. Pero en 1949, con China hubo una nueva oportunidad: Mao Zedong y sus partidarios ganaron la guerra civil en el país, y así nació la República Popular China.

Más allá de sus planteamientos en cuanto al comunismo, en la práctica siguió un camino relativamente similar al de la Unión Soviética, y sin demasiado éxito, ya que políticas desarrollistas como el Gran Salto Adelante fueron importantes fracasos que llegaron a causar entre 20 y 40 millones de muertes por las hambrunas resultantes. A pesar de que Mao intentó profundizar hacia el comunismo, lo cierto es que China solo comenzaría a despegar tras su muerte en 1976. Pocos años después llegaría al poder Deng Xiaoping, el artífice del desarrollo chino. Mediante una liberalización controlada de la economía, China comenzó a atraer inversiones extranjeras a determinados puntos del país y este empezó a crecer a pasos agigantados. A este giro se le denominó *socialismo con características chinas*, un término algo eufemístico, ya que poco a poco el país asiático abrazaba con mayor entusiasmo el sistema capitalista.

Lo cierto es que el caso de China es anormal en todos los aspectos, ya que es el mayor ejemplo de desarrollo en menos tiempo jamás visto en la historia. Cuando Deng llegó al poder, la inmensa mayoría de los casi 1.000 millones de habitantes que tenía el país vivían en la pobreza; hoy está prácticamente erradicada en los cerca de 1.400 millones de personas que lo pueblan, y precisamente ese esfuerzo es uno de los grandes responsables de que la pobreza en nuestro planeta haya descendido sustancialmente durante las últimas décadas.

Hoy, sin embargo, la potencia asiática se parece bastante más a una economía de mercado que al sistema comunista que buscaban en origen, aunque aún mantienen un modelo mixto que combina la planificación central por parte del Partido Comunista con sectores liberalizados que dinamizan el crecimiento del país.

Rusia no provoca las crisis de Occidente

Existe una norma no escrita por la que ante una crisis política o social en cualquier país del mundo, al poco tiempo empezamos a encontrar mensajes de que tal o cual potencia extranjera las está instigando. Según la zona del planeta, las demandas que se estén exigiendo o el perfil de quienes hacen las reclamaciones, el supuesto poder instigador será uno u otro. En América Latina, por ejemplo, viene siendo habitual culpar a Estados Unidos de casi cualquier conato de inestabilidad, o incluso al Gobierno venezolano de Maduro si toca la otra cara de la moneda; en Oriente Próximo suele ponerse el foco en la mano de Irán o la de Israel, según se tercie, y en Europa es Rusia a la que normalmente se acusa de intentar desestabilizar el lado más occidental del continente con cada crisis que surge.

Como cualquier buena leyenda, siempre tiene una pátina de verdad y un meollo de invención. Por un lado, hacer responsable a una influencia externa de las crisis o protestas que pueden estallar en un país suele ser un argumento bastante conveniente para aquellos que intentan evitar o diluir su propia responsabilidad. Por eso no es infrecuente que, a efectos comunicativos, muchos Gobiernos opten por acusar a un tercero de ser el responsable, ya que consiguen eludir parte de su culpa y trasladan el foco del debate a otro asunto. La otra parte es que este tipo de acusaciones, carentes de base en la mayoría de los casos, reducen a los ciudadanos a simples marionetas de un actor todopoderoso, negándoles un criterio propio y un enfado legítimo por cómo se está gestionando el asunto que desata las protestas o la crisis de turno.

En los últimos años, uno de los actores internacionales al que más dedos acusadores han señalado como causante de desestabilización en distintas partes del mundo es Rusia. La última década ha estado marcada por la crisis económica —que devino en política— en el mundo occidental. Desde el auge de las formaciones nacional-populistas en muchos de los países europeos hasta la victoria de Trump, pasando por situaciones como el Brexit o el repunte del independentismo en Cataluña, se ha acusado insistentemente a Rusia de estar detrás. Y lo cierto es que aunque en todas estas situaciones los rusos asomen por detrás, no se ha podido demostrar que su influencia fuera sustancial, especialmente si lo comparamos con otros factores con un peso muy determinante. Pero primero debemos analizar qué rol juega Rusia en el tablero geopolítico.

A principios del siglo xx, Rusia era una monarquía como la inmensa mayoría de los países del continente europeo. Los Románov llevaban en el poder varios siglos y estaban emparentados con muchas de las casas reales europeas. Era un imperio inmenso y tenía un área de influencia propia bien definida. Tal es así que durante mucho tiempo se buscó la complicidad de San Petersburgo para ejercer de contrapeso en el sistema de alianzas que imperaba en el continente —y que en última instancia desembocaría en la Primera Guerra Mundial—, sobre todo por parte de Francia y el Reino Unido frente a Alemania y el Imperio austro-húngaro. En aquellos años y a pesar de su evidente retraso político y económico, Rusia estaba integrada con total naturalidad en el sistema europeo. Pero en 1917 todo cambió. Aquel año el régimen zarista colapsó ante dos revoluciones impulsadas por los sóviets, las cuales dieron origen a una serie de repúblicas que, unos años más tarde, conformarían la Unión de Repúblicas Socialistas Soviéticas (URSS). Este cambio interno a su vez modificó la manera como se percibía el país. La Unión Soviética se convirtió automáticamente en una amenaza de primer nivel para los países occidentales capitalistas, ya que había que evitar por todos los medios que su influencia permease y diese lugar a una revolución similar del movimiento obrero en países como Estados Unidos, Reino Unido, Francia o Alemania.

El estallido de la Segunda Guerra Mundial fue poco más que un paréntesis en esa percepción de amenaza mutua. Por entonces había un problema todavía mayor, las potencias del Eje, y se primó la cooperación por puro pragmatismo. Sin embargo, al terminar la guerra ambos bloques salieron reforzados: la Unión Soviética extendió su área de influencia a todo el este de Europa, mientras que Estados Unidos se consolidó como potencia sin igual en el mundo capitalista. A partir de ahí comenzó una competición mutua de casi medio siglo para debilitar la influencia del otro en prácticamente cualquier rincón del planeta. Se sucedieron así los golpes de Estado, las revoluciones, las invasiones, los asesinatos y todo tipo de maniobras instigadas por uno y otro bloque. Fue en este contexto cuando se creó la lógica de que ante un suceso político o social disruptivo, era más que probable que una potencia extranjera estuviera detrás.

La Unión Soviética acabó colapsando en los primeros años de la década de los noventa, pero que esta desapareciese no significó que ocurriera lo mismo con muchas lógicas que habían estado vigentes durante las décadas anteriores. La debilidad de Rusia en aquellos años era evidente como consecuencia de la brutal crisis económica que suponía la disolución soviética, una circunstancia que fue aprovechada por el bloque occidental para extender su influencia a todo el este de europeo mediante la integración de países como la República Checa, Hungría, Polonia, las repúblicas bálticas, Rumanía o Bulgaria en la OTAN y la Unión Europea. Este movimiento, pensado en el lado occidental como una forma de ganar peso geopolítico y atraer a esos países —ya sin influencia soviética— a las lógicas liberales, fue percibido en el lado ruso como un intento de arrinconarlos y de relegarlos a potencia de segunda. En definitiva, lo vieron como una amenaza. Esta situación llevó al giro de la época de Borís Yeltsin, que era claramente prooccidental, a la de Vladímir Putin, que a los pocos años de llegar al poder en el 2000 optó por reforzar el nacionalismo ruso y utilizar el avance de la OTAN y la Unión Europea como contraposición para reconstruir el marchito poder ruso. La premisa que siguió era bastante sencilla: si Rusia continuaba acercándose a los países occidentales siendo tan débil, antes o después quedaría supeditada a sus intereses, algo que para un país con un pasado imperial era poco menos que humillante. Y en ese resurgimiento —sobre todo retórico— volvió en el lado occidental la sensación de que Rusia era, como en tiempos de la Unión Soviética, una amenaza.

Y así llegamos a la época reciente. El antagonismo entre Rusia y los países occidentales no había sido tan alto desde la Guerra Fría, y en muchos aspectos es consecuencia de que a ambas partes les beneficia generar un distanciamiento para crear un enemigo al que contraponerse. Esto, sin embargo, también ha provocado que sea muy habitual que unos y otros se acusen mutuamente de provocar los males del otro.

El caso más sonado relacionado con Rusia probablemente sea su posible injerencia en las elecciones de Estados Unidos del año 2016, que resultaron en la elección de Donald Trump como presidente. Buena parte de la opinión pública estadounidense atribuyó su ascenso dentro del Partido Republicano y su posterior victoria frente a la demócrata Hillary Clinton a un cuidado plan del Kremlin para potenciar su figura y así hacer de Estados Unidos un país mucho más benevolente con Rusia. Sí están más que demostradas las relaciones de Trump y su círculo más próximo con empresarios de origen ruso en la etapa previa a su llegada a la Casa Blanca, pero lo cierto es que no se ha podido evidenciar que tales contactos, incluyendo los establecidos durante la campaña, fuesen determinantes en su victoria frente a la candidata demócrata. Así lo concluyó una investigación especial conducida por Robert Mueller, aunque también matizó que no se podía asegurar que el presidente estuviese totalmente libre de culpa. Lo que sí se consiguió demostrar fue que los servicios de inteligencia rusos habían pirateado los correos electrónicos de la campaña del Partido Demócrata durante las primarias para, posteriormente, filtrar toda esa información a la opinión pública.

De la misma manera, el sonado escándalo que tuvo como epicentro la empresa Cambridge Analytica también fue interpretado como una manipulación electoral en favor del actual presidente y con nexos con Moscú. Al parecer, dicha consultora recopiló a través de Facebook datos de millones de estadounidenses de forma ilegal para posteriormente desarrollar perfiles psicológicos de cada usuario e influir en su voto mediante cantidades ingentes de desinformación. Aunque sea innegable que esta campaña influyó en el voto, no se conoce qué traducción real tuvo en las elecciones, y por tanto no se puede asegurar que llevase a Donald Trump a ocupar el Despacho Oval. Sobre todo se trata de una simplificación muy atrevida en un proceso tan complejo como son unos comicios presidenciales, donde los resultados casi siempre vienen dados por la combinación de una gran cantidad de variables.

A menudo se obvia el hecho de que Hillary Clinton obtuvo más votos populares que su contrincante, aunque el particular sistema electoral estadounidense hizo que Trump lograse más compromisarios precisamente por ganar en la mayoría de «estados bisagra», que en definitiva son los que realmente acaban decantando la balanza electoral. También se suele pasar por alto el factor de la participación: en las elecciones estadounidenses no es especialmente alta, ya que requiere de un registro previo para votar y las elecciones se realizan siempre en martes, un doble desincentivo. Estos dos factores perjudican de forma estructural a segmentos de voto que eran más favorables a la candidata demócrata, como los jóvenes, los afroestadounidenses, la población latina o las mujeres en general frente a los varones blancos, tradicionalmente más movilizados y mucho más favorables a Trump. Podríamos seguir añadiendo factores, como el rechazo que la candidata perdedora generaba en amplias capas de la población al ser percibida como parte de la élite estadounidense —una idea que Trump supo aprovechar en su discurso— o la existencia de un contexto favorable en el país a la aparición de un *outsider* —alguien ajeno a la política tradicional— con un discurso populista. Por tanto, podemos inferir que la campaña a través de Facebook fue un factor importante en las elecciones pero que no determinó su resultado.

Algo similar ocurrió con el Brexit. Cambridge Analytica también estuvo presente en el referéndum donde los británicos votaron para salir de la Unión Europea. Su campaña se centró en pequeños segmentos poblacionales tradicionalmente desmovilizados a nivel electoral pero a los que consiguió convencer de votar por el Brexit. Pero, nuevamente, un factor influyente no hace el todo. El clima de desinformación que reinó en las semanas anteriores y la excesiva confianza de los partidarios de la permanencia en la Unión fueron vectores clave en un proceso que ya se ha alargado varios años. Porque además esta no es la única influencia que Rusia ha intentado tener en Europa occidental. En los últimos tiempos se han descubierto conexiones entre el Frente Nacional de Francia y su dirigente, Marine Le Pen, y un banco comercial ruso cercano al Kremlin y que financió al partido (antes de refundarse en la actual Agrupación Nacional); también con Matteo Salvini, líder de la Liga italiana, cuyas conexiones financieras en el partido tienen igualmente a Rusia en uno de los extremos.

No obstante, si dejamos de ver estas actuaciones como algo excepcional (no es extraño que muchas formaciones, especialmente aquellas con postulados extremistas, se financien en fuentes poco habituales y que puedan levantar sospechas), lo cierto es que la influencia de Rusia en el oeste del continente europeo parece bastante limitada. Esto no quiere decir que Moscú no actúe para tratar de influir en otros puntos de Europa, incluso de formas poco ortodoxas. Parece evidente que a Rusia le conviene —por puro interés— un auge de las formaciones nacional-populistas dentro de la Unión Europea, pero es igualmente obvio que ese deseo acaba limitado por las propias posibilidades políticas y económicas de Rusia, así como por la situación interna de cada Estado. Esto no quita, por ejemplo, para que en su espacio inmediato Rusia haya intervenido de forma directa. En Ucrania, tras las protestas del Maidán en el año 2014, los grupos armados separatistas que surgieron al este del país (zonas rusófonas) contaron pronto con el apoyo material de Moscú. De igual manera, en la independencia de la península de Crimea (ocurrida en fechas similares al Euromaidán), que luego Rusia se anexionó, su participación con fuerzas militares sobre el terreno fue crucial, lo cual supone directamente una violación del derecho internacional.

La influencia rusa es hoy muchísimo menor a la que tuvo la Unión Soviética en su día. Sin embargo, mantenemos unos esquemas mentales similares a los de hace décadas, dotándole a Rusia de un poder que no tiene. La victoria de Trump en Estados Unidos, la crisis en Cataluña, el Brexit, el auge de formaciones nacional-populistas (el AfD en Alemania, el Frente Nacional en Francia, la Liga en Italia) o de izquierdas (Syriza en Grecia o Podemos en España) responden a factores propios de cada país, no a una calculada estrategia diseñada en el Kremlin, da igual que esas coyunturas le beneficien en menor o mayor medida. Tengámoslo claro: la época de la Guerra Fría ya pasó.

LOS PAÍSES OCCIDENTALES TODAVÍA TIENEN COLONIAS

A finales del siglo XIX proliferaron en Europa las viñetas, tanto en periódicos como en publicaciones satíricas, de los monarcas del momento troceando a su antojo regiones enteras del planeta, a menudo representadas en forma de tarta. Estos dibujos no eran especialmente sutiles, y probablemente tampoco buscaban serlo, pero sin duda algunas conseguían trasladar una idea de forma clara y directa: las principales potencias del planeta se repartían el mundo como les venía en gana. Y esto era cierto. A caballo entre 1894 y 1895, la mayoría de los países europeos, o al menos los que tenían cierto peso colonial, se reunieron en Berlín para discutir y acordar cómo iba a quedar repartida definitivamente África y así evitar choques entre las distintas potencias que pudiesen arrastrar al Viejo Continente a un conflicto. Aquella conferencia dejó bien atada la influencia europea en el suelo africano, y solo hubo un país que se salvó de semejante quema: Liberia, un territorio que Estados Unidos había adquirido para otorgárselo a esclavos liberados —de ahí el nombre—, y que no se consideró necesario volver a colonizar. De manera adicional, también Abisinia (la actual Etiopía) evitó el control europeo, pero solo porque plantó cara con las armas a Italia, la potencia a la

214

que le «correspondía» el actual territorio etíope. Algo similar también ocurrió con China. El país que desde hacía siglos había sido la principal potencia del planeta dio evidentes muestras de declive a finales del siglo XVIII, sobre todo por cometer el gigantesco error de cerrarse en sí misma, al contrario que las potencias europeas, que desde el siglo XV comenzaron a abrirse al mundo. Esta debilidad fue aprovechada por aquellas a partir de la centuria siguiente para poner al imperio chino de rodillas y explotar un mercado tan enorme. Esa dominación acabó derivando en el llamado «Levantamiento de los bóxers» (plasmado en la película *55 días en Pekín*, por ejemplo) en el cambio de siglo entre el XIX y el XX. Y es que durante la etapa decimonónica quedaron pocas partes del mundo que no fuesen una colonia, protectorado, virreinato o similar en manos occidentales. Poco más que la miríada de repúblicas que surgieron en el continente americano a principios del siglo XIX, y ni tan siquiera eso, ya que en el Caribe quedaron muchos territorios aún como colonias.

Hoy pudiera parecer que aquello quedó lejos, que la existencia de colonias es algo impropio del siglo actual. Nada más lejos de la realidad. Aunque es cierto que los territorios coloniales se han reducido a pasos agigantados en el mundo desde la segunda mitad del siglo XX, aún hoy quedan algunos. En su mayoría son diminutos, islas sobre todo, que todavía no han ejercido su derecho de autodeterminación a ojos de la ONU. Sin embargo, quedan varios interrogantes en el aire: cuáles son estas colonias, quiénes son las potencias coloniales y por qué se mantienen aún en ese estatus.

En la actualidad encontramos oficialmente diecisiete colonias en el mundo. La mayoría de ellas carecen de valor político, económico o estratégico, y en muchos aspectos se han quedado descolgadas de las olas descolonizadoras que impulsaron la autodeterminación de decenas de países durante la segunda mitad del siglo xx. El Reino Unido es el mayor responsable de esta situación, ya que mantiene como colonias hasta diez territorios: Anguila, la isla de Bermuda (importante paraíso fiscal), las islas Caimán (otro insigne lugar en la opacidad financiera), las islas Malvinas, Turcas y Caicos, las Islas Vírgenes Británicas (también miembro del club del refugio fiscal), Monserrat, Santa Elena (donde fue desterrado Napoleón tras su derrota en Waterloo), Gibraltar y Pitcairn. A estas les siguen las colonias estadounidenses: Guam, Samoa Americana y las Islas Vírgenes de Estados Unidos; tras ellas está Francia, con Nueva Caledonia y la Polinesia Francesa; Nueva Zelanda, con la isla de Tokelau, y España, con su posesión del Sáhara Occidental, un territorio abandonado hace décadas y ocupado por Marruecos pero que, a efectos formales, continúa siendo un territorio español pendiente de descolonizar.

Los motivos que hacen que estos territorios todavía sigan siendo considerados colonias son principalmente dos: el desinterés y la imposibilidad. Respecto al primero, debemos tener en cuenta que la descolonización ya no «está de moda» como ocurría en épocas pasadas, cuando realmente existía una presión internacional sobre las distintas potencias colonizadoras para que permitiesen autodeterminarse a distintos territorios, teniendo en cuenta también que el contexto de la Guerra Fría favorecía aquello. Hoy apenas existe un recordatorio por parte de Naciones Unidas hacia las potencias administradoras apuntando sus deberes pendientes para con esas colonias. Las pocas excepciones de presión internacional se limitan a las reclamaciones territoriales que terceros países tienen sobre esos territorios, como puede ocurrir con Argentina y las Malvinas o España con Gibraltar. Añadido al escaso valor que muchos de estos territorios tienen —salvo, en el caso británico, como paraísos fiscales—, lo cierto es que no existen demasiados intereses vivos que intercedan por la descolonización de esos lugares. Respecto al segundo motivo, existen serias limitaciones en algunos de estos territorios a nivel histórico, político y económico que dificultan ejercer de forma efectiva el derecho a la autodeterminación.

Muchas de las islas que aún perviven en un régimen colonial, además de poseer un territorio bastante escaso, tienen una población reducida y una actividad económica real todavía menor. Esta situación plantea interrogantes importantes a efectos de derecho internacional. En el hipotético caso de que estas colonias pudiesen autodeterminarse y eligiesen la independencia, ¿cómo de grande tiene que ser un Estado para que se le considere viable y sólido? Hasta las islas de reducido tamaño tendrían posibilidades en ese aspecto, ya que el Principado de Mónaco no alcanza los dos kilómetros cuadrados. Pero ¿y la población? ¿A partir de cuántos habitantes se puede constituir un Estado soberano? Hay que considerar que cualquier país necesita de una mínima Administración (funcionarios, policía, personal sanitario, educativo…), por lo que debe haber unos mínimos recursos humanos que hagan funcionar ese país, además de personas empleadas en el mundo privado. El país independiente menos poblado del mundo —obviando la Santa Sede, caso sui géneris a efectos internacionales— es Nauru, con algo más de 11.000 habitantes, por tanto sabemos que al menos el umbral está en esa cifra, sin embargo muchas de las colonias están bastante lejos de esa población. Yendo más allá, parece lógico pensar que a un nuevo Estado se le debe exigir una mínima viabilidad en el plano económico, tanto para que sea funcional como para que sus habitantes gocen de un nivel de vida aceptable. ¿Tienen estos territorios aún colonizados tales capacidades? Algunos, como Nueva Caledonia o el Sáhara Occidental, sí, al disponer de recursos naturales de cierto valor; otros, como la isla de Montserrat, arrasada parcialmente por una erupción volcánica en los años noventa, probablemente no.

La salida más viable para muchos de estos territorios es una autodeterminación que los lleve a una vinculación más igualitaria con la potencia colonial, como en el caso del Reino de los Países Bajos, que ya integra las islas neerlandesas del Caribe como entidades autónomas. Sea como fuere, este tipo de cuestiones, además de complejas, suelen alargarse en el tiempo y necesitan de un encaje particular para cada caso. En el de Nueva Caledonia, por ejemplo, en el 2018 la población rechazó mediante referéndum constituirse como Estado independiente. Aunque volverán a votar en el año 2020 sobre la misma cuestión, supone un primer paso en la autodeterminación y descolonización de este territorio del Pacífico.

LAS *FAKE NEWS* NO SON ALGO DE AHORA

La noche del 30 de octubre de 1938 pasó a la historia de la comunicación. En la víspera de Halloween, un joven llamado Orson Welles ponía en marcha en los estudios neoyorquinos de la cadena CBS una recreación de la obra *La guerra de los mundos*, de H. G. Wells, con su compañía

The Mercury Theatre. El uso de trabajados efectos especiales hizo que aquella adaptación fuese enormemente realista, lo cual, unido a las altas audiencias radiofónicas de la época, sembró el pánico a lo largo y ancho de Estados Unidos ante la amenaza de una invasión extraterrestre. Al día siguiente, buena parte de los periódicos estadounidenses llevaron en portada el teatro organizado por Welles y el caos resultante de aquella emisión radiofónica. Hasta el propio *New York Times* tituló en primera plana: «Oyentes de radio en pánico al tomar una ficción de guerra como real». Todo esto es, en resumen, lo que hoy conocemos de aquel día; una brutal crítica a cómo los medios de comunicación podían generar un estado de ánimo concreto en millones de personas en apenas una hora de emisión. Pero todo se basaba en algo falso.

Lo que hoy conocemos es un mito. Un mito construido interesadamente, además. Nunca se ha podido demostrar el caos que se presupone generó la emisión de *La guerra de los mundos*; no existen registros de gente histérica, ni de asaltos a tiendas, de centenares de estadounidenses corriendo a las oficinas del ejército para enrolarse y defender la nación de la amenaza extraterrestre ni de cualquier otra conducta que podamos asociar al caos de una invasión alienígena. Porque lo cierto es que aquella emisión de la CBS tuvo una audiencia baja, ya que el programa más escuchado en aquella época por las noches era otro, el de un ventrílocuo llamado Edgar Bergen. La narración de Welles no llegó a los millones de estadounidenses que sostiene el mito, y además nunca se planteó aquella hora radiofónica como un engaño: hasta tres veces se avisó a la audiencia de que el programa era una ficción. Es de suponer que más de un oyente pudo pasar un mal rato si conectó tras la primera advertencia, al poco de comenzar la emisión, y la segunda, a los cuarenta minutos de esta. Más allá del apuro, parece que ninguno enloqueció por culpa de las naves que se suponía estaban aterrizando en nuestro planeta.

El engaño más bien provino de un interés concreto. La prensa de la época vio en aquella minoritaria emisión radiofónica una oportunidad de oro para asestarle un golpe a la radio, en esa época rival mediático en auge y que poco a poco se estaba haciendo con una mayor porción de la tarta publicitaria. Por tanto, era un momento propicio para que la prensa escrita se presentase ante la audiencia como un medio de confianza frente a una radio que solo buscaba el caos, aunque fuese a través de un alarmismo también injustificado. Ni siquiera al propio creador de la ficción le convino parar aquello: la enorme polémica generada le sirvió a su vez a Orson Welles para lanzar definitivamente su carrera. Sin *La guerra de los mundos* quizá nunca habríamos visto *Ciudadano Kane*. Con todo, la paradoja en la cuestión es que uno de los ejemplos clásicos de desinformación está, a su vez, sustentado en un relato falso.

En la actualidad no es que haya cambiado mucho la situación. De hecho se ha incrementado e incluso popularizado. Pero la difusión de las noticias falsas ha sido una constante a lo largo de los siglos. Donald Trump utilizó el término *fake news* durante toda la campaña electoral del 2016 y, desde entonces, en la presidencia; acuñaba así un concepto que se ha extendido a numerosos contextos políticos y culturales. Sin embargo, y como le ocurrió a la narración de Welles, hay algo de mentira en todo esto. O, al menos, cierta confusión.

El término (más) correcto para referirnos a estos fenómenos que mezclan falsedades de políticos con mitos, sesgos y prejuicios arraigados en la conciencia popular no es *fake news* sino *desinformación*. La diferencia reside en sobre quién o sobre qué se pone el foco. Cuando los políticos —léase Trump— hablan de *fake news*, se refieren por un lado a *noticias*, es decir, un concepto que evoca una pieza elaborada y emitida solamente por un medio de comunicación, y *falsas*, una catalogación que por lo general es totalmente arbitraria: rara vez se explica o argumenta por qué una noticia es falsa, sino que directamente se las etiqueta como tales para intentar desacreditar la propia información.

No obstante, este fenómeno, que ciertamente existe, convive con otros que generan un clima generalizado de desinformación. En muchos países del mundo la confianza en los medios de comunicación tradicionales (prensa, radio o televisión) no hace más que descender, en parte de forma merecida por el pobre tratamiento informativo que durante muchos años distintos medios de comunicación han llevado a cabo; las redes sociales han sustituido parcialmente a los medios como emisores y difusores de información (Facebook y Twitter, especialmente) y en líneas generales no se ha producido una mejora en los usuarios y consumidores de información —potencialmente toda la sociedad adulta— en cuanto a cómo manejar correctamente estas herramientas para aprender a detectar las falsedades y que estas tengan una menor penetración en el discurso y la vida política. En el Brexit, por ejemplo, se pudo comprobar de forma evidente: el argumentario de los partidarios de salir de la Unión Europea estaba plagado de desinformación con el objetivo de simplificar el debate y poder abordar al electorado con ideas sencillas que calasen fácilmente, aunque fuesen muy cuestionables, cuando no directamente falsas. Una vez hubieron ganado el referéndum, algunos de los políticos que apoyaban el «sí» reconocieron que las cifras y los argumentos que habían estado manejando eran irreales y no se sostenían.

Aunque, nuevamente, esta cuestión va más allá de la política. El movimiento antivacunas ha tenido una aceptación creciente durante los últimos años en muchos países, amparándose en argumentos e ideas que no han podido demostrar de forma científica. Esto ha llevado a que en países como Rumanía o Italia hayan repuntado los casos de sarampión, una enfermedad que estaba prácticamente erradicada en Europa. Además, en otros muchos países se corre el riesgo de perder la llamada «inmunidad de grupo» como consecuencia de que existe un menor número de niños —o personas en general— vacunados. Este principio básico en temas de salud pública hace posible que unos pocos individuos no vacunados y con problemas de inmunidad estén protegidos de las enfermedades precisamente porque el resto sí están vacunados, lo que imposibilita que una enfermedad se extienda (en colegios o centros de trabajo, por ejemplo). Por tanto, empezamos a ver cómo la desinformación, más allá de la política, también pone en riesgo la salud de mucha gente.

Hay veces, incluso, que la desinformación acaba con el peor de los finales. Aunque al hablar de redes sociales nos vengan a la mente plataformas como Facebook, Twitter o Instagram, lo cierto es que la más popular y común es WhatsApp. En la India, donde cerca de 250 millones de sus habitantes cuentan con esta aplicación, se han producido durante los últimos años decenas de asesinatos relacionados con vídeos y cadenas falsas de WhatsApp que circulan entre la población. Los mensajes que llegan, principalmente en áreas rurales, alertan sobre secuestros de niños, lo que crea una histeria en muchos pueblos que acaba derivando en el ataque de una turba de gente a forasteros o desconocidos que pasan por allí al confundirlos con esos supuestos secuestradores de niños, que no existen.

Con todo, la proliferación de canales de difusión de información de forma gratuita o extremadamente barata —lo que es un buen resumen del internet actual— solo ha acelerado un proceso que ya tenía un amplio historial en el pasado. La desinformación y la falta de educación van de la mano, y hasta hace no demasiado el nivel educativo era muy escaso en cualquier parte del mundo para quien no formase parte de la élite, por lo que la dispersión de rumores, bulos, habladurías y creencias pseudocientíficas de todo tipo era bastante frecuente. Hoy, por ejemplo, seguimos llamando «gripe española» a la pandemia que dejó varias decenas de millones de muertes por todo el mundo entre 1918 y 1919 y que tuvo bastante poco que ver con España, tal como vimos en un capítulo anterior. También seguimos celebrando la Navidad cada 25 de diciembre como recuerdo del nacimiento de Jesús de Nazaret, cuando la historia poco a poco ha ido consensuando que realmente no sabemos en qué día nació y que esa fecha viene por la apropiación que hicieron los primeros cristianos de la fiesta romana del solsticio de invierno, celebrada en unas fechas similares, para fomentar la cristianización del imperio cuando el emperador Constantino se convirtió a esta fe.

La ironía quiere que este apartado tenga cabida en este libro, que no deja de ser una recopilación de falsas creencias que tenemos sobre lo que nos rodea. En determinadas cosas nuestro mundo siempre ha sido igual.

LA DEMOCRACIA SÍ ES
COMPATIBLE CON EL ISLAM

No es extraño encontrarnos en cualquier idioma palabras que simplemente no tienen traducción en otro. Definen conceptos que solo entienden sus hablantes y que en otras lenguas a veces ni se plantean. La idea de *morriña*, esa tristeza o melancolía por la nostalgia de la tierra natal, probablemente no se entienda en ruso, o el concepto alemán de *schadenfreude*, algo así como disfrutar de la desgracia que le ha ocurrido a otra persona, no encaje a la perfección en el portugués. En cierta manera, las palabras modifican la forma en la que vemos el mundo al crear nuevas ideas, conceptos y objetos. Y esta lógica, si la continuamos escalando, puede acabar derivando en que los esquemas mentales que para unos habitantes del mundo son obvios, en otros contextos son absolutamente extraños. Y uno de ellos es precisamente el de la democracia.

Hasta principios de los años noventa del siglo pasado, la mayoría de la población mundial no vivía bajo regímenes democráticos. Por tanto, el mundo actual es una anomalía en este sentido, aunque la tendencia apunta a que cada vez más países se suman al lado democrático. Así, durante casi toda la Edad Contemporánea, una democracia era más una excepción que la norma. Y en ese proceso no podemos olvidar de dónde viene la idea: la democracia actual es una invención occidental que nace del liberalismo y la Ilustración europea durante los siglos XVII y XVIII, que a su vez se nutre del humanismo desarrollado en el Viejo Continente durante los siglos XV y XVI. Durante esos años, en otras partes del mundo se estaban dando otros procesos políticos, económicos, sociales y culturales que simplemente resultaron en unas formas de ver y organizar su mundo completamente distintas.

Obviar este hecho ha llevado a que durante mucho tiempo, especialmente durante la Guerra Fría, se diese por sentado que la democracia se podía «exportar» a cualquier parte del mundo para ser implantada sin ningún tipo de problema. Y eso se ha evidenciado como un error, ya que no se puede esperar que un marco mental occidental se adapte sin problemas en otros contextos culturales.

Uno de estos espacios donde insistentemente se ha intentado llevar la democracia es el mundo musulmán, que ya de por sí es una simplificación importante, y como la democracia no ha cuajado de forma mayoritaria, se ha acabado concluyendo que el islam y la democracia son como el agua y el aceite, obviando de nuevo que en muchos países con otras corrientes religiosas los sistemas democráticos tampoco están demasiado asentados.

Es absolutamente cierto que muchos de los países en los que la mayoría de la población profesa el islam no tienen un régimen democrático. La mayor parte son autocracias, como Arabia Saudí, Siria, Irán, Turkmenistán, Egipto o Argelia, pero también existen regímenes híbridos (países que mezclan características de democracia y de autocracia), como Turquía, Pakistán, Marruecos o Bangladés. Y, por supuesto, también hay regímenes democráticos en lugares como Indonesia (recordemos, el país con más musulmanes del mundo), Malasia y Túnez. Por tanto, el mundo musulmán no está especialmente peor que otras regiones del planeta como el África subsahariana, América Central o el Sudeste Asiático.

La verdad es que la mayoría de estos países musulmanes no son autocracias por culpa del islam ni son democracias gracias a él. Aunque existen excepciones, por supuesto. Dos de las principales serían Arabia Saudí e Irán. En ambos casos, la legitimidad de los gobernantes proviene de la religión islámica en sus dos corrientes mayoritarias: el sunismo y el chiísmo, respectivamente. En el caso saudí, la familia real gobernante, los Saud (de ahí el nombre como se conoce al país) se mantienen históricamente en el poder gracias a un pacto con clérigos wahabíes, por el que la religión legitima el gobierno de los Saud a cambio de que estos patrocinen el wahabismo entre la población y en el mundo. Si miramos a su vecino iraní, desde la Revolución de 1979 el país ha pasado a estar controlado de forma férrea por un grupo de clérigos, los ayatolás, de los que emanan el resto de los poderes del país.

La paradoja, especialmente en el mundo árabe, es que quienes mantienen el control de los países son a su vez quienes mantienen la religión lejos del Estado. Muchas de las dictaduras de la región son regímenes militares y a la vez seculares, como ocurre en Siria, Egipto o Argelia (también lo fueron Irak o Libia, hasta que colapsaron). Herederos del socialismo árabe, acabaron expulsando de las instituciones e incluso persiguiendo a aquellas organizaciones que abogaban por la presencia del islam en la política estatal.

Las carencias democráticas en los países musulmanes van más bien por otros derroteros: además de saber qué corriente del islam predomina en el lugar (las hay más laxas y tolerantes y otras mucho más restrictivas), factores como la riqueza del país, la desigualdad existente, la propia trayectoria histórica, las tensiones políticas y sociales dentro de sus fronteras o el nivel educativo de la población tienen un impacto importante en cómo de resistente y duradero puede ser un Estado democrático. Tampoco podemos olvidar que muchos países de mayoría musulmana son relativamente jóvenes, ya que un buen número no tienen ni un siglo de historia como países independientes. En Europa, por ejemplo, hasta bien entrado el siglo XX muchos países no se consolidaron como democracias, ya que durante las décadas anteriores o incluso en el siglo XIX cualquier democracia que pretendiera perdurar era interrumpida por golpes de Estado o etapas autoritarias. Por tanto, es conveniente repasar cuánto les ha costado a los países occidentales alcanzar la estabilidad democrática —teniendo ya la filosofía política propicia para ello— antes de querer implantarla o exigirla para otros lugares.

7

COVID-19
El coronavirus no ha sido como crees

En el 2020, ese hecho insólito llamado «pandemia» irrumpió en nuestras sociedades sin previo aviso y casi ningún tacto, y dejó muchas vidas durante meses en suspenso. Con todo, ha sido paradójico comprobar que esta enorme crisis ha reproducido los mismos esquemas que este libro pretende rebatir, de modo que se abre una oportunidad inmejorable: tomar algunos de los mitos más importantes que han estado circulando durante los primeros meses de pandemia y ponerlos en el contexto adecuado.

UNA EPIDEMIA COMO LA DEL CORONAVIRUS SÍ ESTABA PREVISTA

Los accidentes de avión son muy extraños; cada vez más, de hecho. Por eso, cuando ocurre uno, la conclusión que se suele alcanzar tras investigar en profundidad el siniestro es que se debió a una terrible concatenación de factores: un mantenimiento defectuoso del aparato, unido a unos protocolos de despegue que no se siguieron con precisión

2

y a unas malas condiciones meteorológicas en el momento de volar provocaron el fatal desenlace. De haber lucido un sol radiante esa mañana o de haberse realizado una exhaustiva labor de mantenimiento por parte del personal de tierra, todas esas vidas se habrían salvado. La casi imposible suma de variables, sin embargo, provocaron un futuro totalmente distinto. Esto es lo que en cuestiones de seguridad se llama *Modelo del queso suizo*.

Es conocida la característica icónica de los quesos suizos, que no es otra que estar agujereados en su interior. El modelo apunta a que si cortamos lonchas de este lácteo, que representan los pasos o medidas de seguridad que existen en una organización para que algo no ocurra, y las alineamos, la mayoría de las veces no habrá agujeros que coincidan en todas y cada una de las lonchas que hemos apilado. Pero muy rara vez, sí. Y si por una remota e improbable razón, un problema comienza a traspasar todos y cada uno de esos agujeros alineados sin que nos demos cuenta, el lío que podemos encontrarnos puede ser mayúsculo. Esto, en resumidas cuentas, es lo que ha pasado con el coronavirus.

Han sido muchos los análisis y las declaraciones de políticos de toda condición que han apuntado a que la COVID-19, como pandemia mundial, se trataba de un fenómeno absolutamente impredecible, por lo que no había manera de estar preparados ante los retos sanitario, económico, político y social que ha supuesto en buena parte del planeta. Sin embargo, la realidad es que todo tipo de organismos, Gobiernos y entidades tenían prevista una epidemia de alcance mundial desde hacía muchos años. Es más, brotes epidémicos relativamente recientes como los de la gripe porcina —también conocida como gripe A o H1N1— entre el 2009 y el 2010 o el de ébola, ocurrido en África occidental entre el 2014 y el 2016, nos habían puesto sobre aviso de cómo se podía originar, cómo podía expandirse y cuáles podían ser sus efectos si no se limitaba su expansión. Por suerte fue posible controlar todos ellos a tiempo.

En el año 2007, el informe del Foro Económico Global, que precede a la cumbre celebrada en la localidad suiza de Davos cada mes de enero, planteaba, en su espacio dedicado a los riesgos que mayor impacto podían tener en el mundo aquel año, un escenario ficticio que tenía algo de profético visto lo visto hoy en día: se imaginaba que a principios del 2008 saltaban las alarmas sobre un nuevo virus en China con pocas similitudes con enfermedades conocidas anteriormente. No obstante, sí se apuntaba a que su origen podía ser animal y que de alguna forma se había contagiado a los humanos. Aunque no parecía tener una mortalidad elevada, su capacidad de propagación era asombrosamente alta. Este factor, unido a los vuelos internacionales, hacía que a los pocos meses comenzasen a aparecer casos en otros países asiáticos o incluso europeos. Poco a poco la epidemia se convertía en pandemia, y para finales de aquel año 2008 ese desconocido virus se había cobrado un millón de vidas en todo el planeta. Unos meses después, durante el verano del 2009, el desarrollo de una vacuna eficaz posibilitaba volver a la normalidad. Para entonces el destrozo en el tejido económico mundial había sido considerable: tanto el comercio como el precio del petróleo estaban hundidos, y muchos países habían sido incapaces de poner en marcha programas de estímulo potentes y coordinados. El virus, más allá del elevado coste en vidas humanas, había puesto patas arriba el planeta.

Se desconoce quién redactó este escenario doce años antes de darse en la realidad de una manera tan aproximada. La coincidencia puede parecer motivada por el azar; sin embargo, la amenaza que desde hace tanto tiempo suponen las pandemias a nivel mundial ha motivado que durante todos estos años se hayan ido desarrollando análisis, estrategias, protocolos y todo tipo de documentos que anticipaban estas situaciones. Muchos expertos en seguridad sanitaria eran plenamente conscientes, ya en el 2007, de que algo como el coronavirus podía ocurrir antes o después. Por tanto, era cuestión de tiempo que uno de los numerosos brotes que se dan en el mundo encontrase alineados todos los agujeros del queso suizo.

Muchos países desarrollan cada cierto tiempo estrategias de seguridad nacional. En estos documentos, el Gobierno de turno intenta exponer lo que considera son las principales amenazas que enfrentará su país durante los próximos años, además de las acciones o políticas que planea desarrollar para limitar su impacto. Y lo cierto es que países duramente golpeados por los contagios, caso de Estados Unidos, el Reino Unido o España, tenían recogidos en estos documentos el peligro potencial de las pandemias y el daño que estas podían llegar a causar tanto a nivel nacional como mundial.

El presidente estadounidense George W. Bush (2001-2009), que llegó al poder poco antes de los ataques del 11 de septiembre, desarrolló, unos pocos años más tarde, varias estrategias relacionadas con las enfermedades infecciosas, gripes incluidas. Tal era la relevancia que en el 2005 se publicó un documento titulado «Estrategia de Seguridad Nacional para una pandemia de gripe», donde se recogían frases que bien podrían pasar como escritas en el 2020 o en tiempos muy recientes. Solo en el prólogo, como carta firmada por el propio presidente Bush, apuntaba que «de vez en cuando, los cambios en el virus de la gripe derivan en nuevos tipos a los que la gente nunca ha estado expuesta. Estos tipos de gripe tienen potencial suficiente para barrer el mundo, provocando millones de contagios, lo cual es conocido como pandemia». Por las investigaciones que conocemos hasta ahora, el ya expresidente tuvo un considerable nivel de acierto en el diagnóstico. Incluso en la mencionada estrategia ya aparecía un concepto que hoy nos resulta cotidiano: *distanciamiento físico*.

Al año siguiente (2006) le siguió una estrategia de seguridad nacional integral. Eran los tiempos de Al Qaeda y la «Guerra contra el Terror», pero no por ello Estados Unidos le quitó el ojo a las pandemias, que en el casi medio centenar de páginas del documento se mencionan en diversas ocasiones y con especial énfasis en una dirección: China. En aquel año, cuando la potencia asiática acababa de despegar económicamente (su PIB entonces era de 2,75 billones de dólares frente a los 13,6 billones del año 2018), en Washington ya eran conscientes del reto geopolítico que se les venía con su ascenso, así como de las debilidades que el país asiático tenía de cara a controlar ciertas cuestiones que podían desembocar en una amenaza internacional, como era el tema del ganado —especialmente aviar— y las enfermedades que pueden transmitir a los humanos. En ese sentido, el documento estadounidense recomendaba encarecidamente establecer relaciones de cooperación con China para combatir futuras enfermedades infecciosas o pandemias. Como veremos —aunque ya lo podamos intuir—, no respetar este factor ha acabado siendo decisivo tanto para Estados Unidos como para el mundo.

El siguiente en el cargo, Barack Obama (2009-2017), fue menos incisivo que su antecesor en la amenaza epidémica. Es cierto que sus años de mandato estuvieron marcados por la crisis del 2008, la entrada del cambio climático en la agenda mundial y el auge de grupos como Dáesh, que absorbieron buena parte de la atención política; además, el país ya contaba con una buena base sobre la que trabajar heredada de la Administración anterior. Con todo, tanto en la estrategia del año 2010 como en la del 2015 se menciona en diversas ocasiones el factor pandémico. En la primera, incluso, llega a haber aseveraciones como la siguiente: «Una epidemia que empieza en un lugar concreto puede rápidamente evolucionar en una crisis sanitaria internacional que cause sufrimiento a millones de personas, así como provocar importantes disrupciones en los viajes y el comercio». Nada que no hayamos podido comprobar durante la irrupción del coronavirus en el 2020.

Tras Obama llegaría Donald Trump, el presidente que ha tenido que lidiar con la epidemia durante el último año de su primer mandato. Él gozaba de una ventaja, que era conocer todos los antecedentes que sus predecesores habían tenido que enfrentar, así como el contexto internacional, cada vez más proclive a favorecer brotes epidémicos. La estrategia de seguridad nacional desarrollada en el 2017, durante su primer año de mandato, no reservaba demasiado espacio a la amenaza de las pandemias, aunque sí el suficiente para lanzar un mensaje bien claro: «Las amenazas biológicas a Estados Unidos —sean el resultado de un ataque deliberado, de un accidente o de un brote natural— están creciendo y requieren de acciones para abordarlas en su origen».

Que esta amenaza pasase a ocupar un papel secundario en la agenda del presidente Trump ha tenido, a pesar de las advertencias que su misma estrategia indicaba, un papel determinante en el impacto de la COVID-19 en el país. Durante los años previos al estallido de la crisis, el presidente propuso y ejecutó numerosos recortes en el presupuesto sanitario destinado a combatir epidemias, minando la capacidad preventiva y reactiva de Estados Unidos. No fueron los únicos que salieron perdiendo en esta gestión: varios asesores y altos cargos de la Casa Blanca que criticaron o no se alinearon con esta política acabaron dejando el cargo. Fue el caso de Timothy Ziemer, director de Seguridad Sanitaria Mundial y Bioamenazas dentro del Consejo de Seguridad Nacional, el principal órgano asesor del presidente en estas cuestiones, cuya salida en mayo del 2018 —un año después de su llegada— no fue repuesta; es más, el cargo fue eliminado ese mismo mes, apenas un año y medio antes de que China alertase de la propagación del coronavirus por su país. Pero no fue el único. En julio del 2019, el Centro para la Prevención y el Control de Enfermedades (CDC, por sus siglas en inglés) retiró a su principal enlace en China, la doctora Linda Quick, sin enviar ningún sustituto. Estados Unidos perdía, epidemiológicamente hablando, sus ojos en el país asiático, un factor que apenas unos meses más tarde se revelaría fundamental tanto por la opacidad china en la gestión del virus como por la respuesta estadounidense a este.

A pesar de todo lo anterior, Estados Unidos continuaba manteniendo unas aceptables capacidades de cara a combatir una epidemia, ya fuese por estrategias desarrolladas previamente como por medios técnicos, humanos y económicos para enfrentarla. Sin embargo, estos también fallaron, o al menos tardaron un tiempo excesivo —y, por tanto, crucial— en activarse de forma adecuada. A finales del mes de enero del 2020, distintos asesores de la Casa Blanca, alertados por el fuerte impacto que parecía estar teniendo el brote epidémico en la ciudad china de Wuhan, pusieron sobre aviso al presidente. Su sugerencia fue que, independientemente de si a Estados Unidos llegaban en un futuro más o menos personas contagiadas, se comenzasen a activar distintos protocolos para tener ese trabajo hecho si la situación, semanas después, no era halagüeña. La decisión de Trump se limitó a restringir los vuelos desde China. Pero sin que ellos lo supiesen, en ese momento, durante los primeros días de febrero, la epidemia comenzaba a extenderse por el país. Más de un mes tardaron sus asesores y la realidad en convencer al presidente de que debía tomar medidas para evitar la propagación del virus por todo el territorio. A mediados de marzo, Trump recomendaba empezar a implementar medidas de distanciamiento físico, aunque para entonces el coronavirus era imparable, sobre todo en núcleos urbanos enormemente densos como la ciudad de Nueva York.

Algo similar ocurrió en el Reino Unido, en donde su primer ministro, Boris Johnson, fue contagiado y necesitó atención en una unidad de cuidados intensivos con apoyo de oxígeno para superar el virus. Aunque no llegó a estar en un nivel crítico, dentro del Gobierno británico hubo que esbozar un plan de interinidad y transición por si, llegado el caso, Johnson acababa falleciendo por la COVID-19, una situación que no tendría precedente en siglo y medio. Más allá de escenarios, tanto este Gobierno como varios anteriores disponían de información más que fundamentada de que una pandemia podía tener efectos devastadores en el Reino Unido. Y precisamente ellos mismos era la fuente de tal afirmación.

En el año 2015, cuando el conservador David Cameron era primer ministro, los británicos llevaron a cabo una revisión de su estrategia de seguridad nacional. El momento era muy propicio para tomar conciencia de los riesgos existentes en temas de salud global, ya que la crisis del ébola estaba en su apogeo en África occidental y el Brexit todavía no había monopolizado la agenda política británica. Sin embargo, para el análisis que hacían desde Downing Street, lo relevante no era si prestaban o no atención a las pandemias, sino al impacto y a la importancia que el Gobierno británico le adjudicaba a este factor.

En uno de los anexos del informe y a modo de resumen, el Consejo de Seguridad Nacional esquematizó las principales amenazas que enfrentaba el Reino Unido y las dividió en tres grupos teniendo en cuenta la probabilidad de que ocurriesen, así como su impacto en un sentido amplio, durante los siguientes cinco años. El primer grupo correspondería a las amenazas más acuciantes, que dejaban a los otros dos como asuntos secundarios y terciarios, respectivamente. En ese conjunto principal, llamado *Tier 1*, se incluyeron las amenazas relacionadas con la salud pública. El propio informe no las pudo sintetizar mejor: «Las enfermedades, especialmente la gripe pandémica, nuevas enfermedades infecciosas y la creciente resistencia microbiana, amenazan nuestras vidas y causan enormes disrupciones en los servicios y la economía. La vulnerabilidad del Reino Unido a estos factores se incrementa por nuestra cuantiosa población y nuestra sociedad abierta». En definitiva, una sociedad basada en densos entornos urbanos, con millones de desplazamientos internacionales y muy dependiente de los intercambios con el resto del mundo estaba extremadamente expuesta a brotes epidémicos en cualquier lugar del globo.

No era una cuestión menor estar en el primer grupo, ya que en él se encontraban también el terrorismo, los conflictos internacionales donde el Reino Unido tuviese un papel, los ciberataques, las catástrofes naturales o la inestabilidad en otras zonas del mundo. De todos ellos hay cuantiosos ejemplos en el lustro entre el 2015 y el 2020, y el único factor que todavía no se había materializado en toda su complejidad era, precisamente, el de las amenazas relacionadas con la salud global. Quizá por ello la propia estrategia de seguridad nacional proponía a su vez desarrollar un plan específico para bioamenazas, algo que se concretó en el 2018 con la «Estrategia de Seguridad Biológica del Reino Unido», todo un compendio de posibles causas y orígenes de una hipotética crisis sanitaria en tierras británicas, así como medidas, procedimientos a desarrollar y recursos a acaparar en caso de afrontar finalmente una situación de este estilo. Con todo, y como ya ocurriera en Estados Unidos, tanta capacidad prospectiva resultó inútil ante la serie de decisiones políticas adoptadas.

Y es que el primer ministro británico obvió en buena medida las recomendaciones planteadas por los Gobiernos anteriores y siguió una estrategia a medio camino entre la de Trump y la de muchos países europeos; una mezcla entre escepticismo ante el potencial impacto de la epidemia y una tardanza deliberada en tomar medidas con la intención de minimizar el impacto económico. La primera aproximación británica a la crisis fue la de acelerar para pasar cuanto antes la tormenta: si no se aplicaban medidas de distanciamiento ni confinamiento para fomentar el ya famoso *aplanamiento de la curva* de contagios, se produciría un elevado número de personas con coronavirus en poco tiempo, logrando con rapidez la llamada «inmunidad de rebaño», es decir, cuando hay tanta gente inmunizada que al virus le es complicado encontrar formas de propagación, por lo que los no contagiados son protegidos por quienes sí lo estuvieron en su momento. Este escenario facilitaría que el Reino Unido saliese antes de la crisis sanitaria que el resto de los países europeos, y, además, la economía sufriría en menor medida. Sobre el papel, este planteamiento parecía tener una lógica aplastante, pero en la práctica resultaba bastante más complejo y arriesgado.

El balance real de este escenario era muy diferente al proyectado. Al no aplanar la curva, el rápido número de contagios llevaría en muy poco tiempo al colapso del sistema sanitario británico, que ya arrastraba notables deficiencias tras años de recortes. Este colapso, a su vez, provocaría que miles de enfermos no pudiesen recibir una atención adecuada, lo que en el caso de personas mayores, inmunodeprimidas o con otras patologías de base se traduciría en una elevada probabilidad de fallecimiento. El precio de no hacer nada resultaba en cerca de 510.000 muertes, una cifra superior a la de los británicos que fallecieron en la Segunda Guerra Mundial, tanto en combate como civiles. Ante esta perspectiva, el Gobierno decidió seguir la estela del resto de los países europeos y comenzar a aplicar restricciones, aunque durante el proceso se han producido numerosas críticas por su laxa implementación y cumplimiento.

No obstante, esta situación de elevada previsión y pobre reacción no es algo exclusivo de los países anglosajones. España es otro buen ejemplo de cómo los planes quedaron dentro del cajón cuando llegó el momento de actuar, lo que ha convertido a este país en uno de los que más personas contagiadas y fallecimientos han tenido tanto en términos absolutos como en relación con su población.

Como ya ocurriese en Estados Unidos o el Reino Unido, España también anticipaba las pandemias como una amenaza considerable y muy a tener en cuenta. Así se apuntaba en la «Estrategia de Seguridad Nacional» del año 2017, elaborada durante el Gobierno de Mariano Rajoy y que venía a suceder a las dos anteriores, de los años 2011 y 2013. El documento de La Moncloa era, en comparación con las estrategias de los países antes mencionados, el que mayor atención prestaba a la cuestión pandémica, haciendo un pormenorizado análisis de la exposición que presentaba España a este tipo de riesgos por ser uno de los países del mundo que más turistas recibe (casi 84 millones en el 2019).

Sin embargo, la anticipación de la teoría no lo es todo, y en el aspecto práctico España se encontraba bastante rezagada en cuanto a protocolos y estrategias actualizadas se refiere. Además, el alto nivel de descentralización existente en el país requería de un elevado nivel de coordinación entre los distintos niveles de gobierno, lo cual es un reto en el plano organizativo para crisis como la actual. Esto era algo que la propia estrategia no ocultaba, apuntando que «es necesario, además de reducir la vulnerabilidad de la población, desarrollar planes de preparación y respuesta ante amenazas y desafíos sanitarios, tanto genéricos como específicos, con una aproximación multisectorial que asegure una buena coordinación de todas las administraciones implicadas». Más allá del diagnóstico, esta estrategia también establecía una serie de líneas de acción o recomendaciones de políticas que se podían desarrollar para abordar cada una de las amenazas que planteaba. En el caso pandémico, algunas eran muy concretas, como desarrollar un plan nacional de respuesta ante riesgos biológicos similar al británico. A pesar de esto, dicho documento nunca se llegó a hacer (o al menos no de forma pública).

Con lo que sí contaba España era con un Plan Nacional de Preparación y Respuesta ante una Pandemia de Gripe. Su gran debilidad es que era del año 2005, cuando fue elaborado en el contexto de la gripe aviar bajo las recomendaciones de la OMS. Aun así, se puede decir que había envejecido bastante bien, ya que anticipaba un buen número de escenarios, incluyendo un virus desconocido hasta el momento, y profundizaba en cuanto a los protocolos y acciones que había que desarrollar para mitigar una epidemia. Tal fue esta labor de especificación que al plan inicial se le sumaron hasta el año 2008 trece anexos abordando cuestiones más concretas o asuntos que requerían un especial tratamiento. El único requisito para poder aplicar este plan de una forma adecuada era detectar el brote desde el inicio para así plantear una reacción escalada conforme la situación empeorase; sin embargo, varios factores impidieron seguir esta regla.

El primero es que los casos que se detectaron con mayor antelación en España no parecían ser los únicos; se trataba de unos turistas en Canarias y Baleares que fueron aislados y atendidos durante el mes de febrero del 2020. Pero durante ese mismo mes es probable que un número indeterminado de personas contagiadas comenzasen a diseminar el virus sin que fuesen controladas. Algunos estudios han sugerido que a mediados de febrero la COVID-19 ya se estaba extendiendo por España sin que las autoridades sanitarias lo supiesen. No es un hecho inverosímil, ya que solo la ciudad de Wuhan tenía conexiones aéreas semanales con Londres, París o Roma. Si a este factor le sumamos otros enlaces aéreos de ciudades chinas de mayor importancia, como Pekín o Shanghái, es muy probable que durante los primeros meses del 2020 hubiese personas contagiadas sin detectar transitando los principales aeropuertos europeos. Estos primeros casos fuera del radar, que podían ser decenas o incluso centenares, amenazaban con desbordar el plan epidémico del 2005.

El segundo factor era el estado en que se encontraba la sanidad española —especialmente la pública—, ya que el contexto económico del año 2005 era sustancialmente mejor que el del 2020, lo que tenía una considerable influencia en la cantidad de recursos que preveía el plan. Sin embargo, la crisis del 2008 y los distintos recortes en el gasto público realizados en los años sucesivos no hicieron sino mermar las capacidades sanitarias, especialmente para situaciones excepcionales, y alejar la realidad del único plan que por el momento se había trazado. Con todo, España ha enfrentado la pandemia con unos medios limitados: el gasto sanitario público y privado en el PIB era, en el año 2016, y según los datos del Banco Mundial, muy parejo al de Portugal e Italia (un 9 %) y sustancialmente inferior al británico y al francés, una realidad idéntica a la del gasto sanitario por habitante. De igual manera, la ratio de médicos, personal de enfermería, camas de hospital y, sobre todo, camas de cuidados intensivos no era catastrófico pero tampoco boyante. Por resumirlo, una epidemia mínimamente descontrolada era un lujo que la sanidad española estaba lejos de poder permitirse, algo que también se ha podido comprobar con la persistente carestía de medios específicos para que el personal sanitario pudiese trabajar de forma segura en medio de una epidemia, tales como equipos de protección individual (EPI), mascarillas, pantallas y un largo etcétera de atuendos y herramientas que muchos sanitarios han recibido con cuentagotas.

El tercer factor es común a muchos Gobiernos, y es la tardanza en la reacción. España fue, tras Italia, el país europeo que antes comenzó a acusar un creciente número de contagios, pero como ocurrió en el país transalpino, en Francia o en el Reino Unido, las medidas restrictivas tardaron en aparecer, lo cual no hizo sino favorecer la dispersión del virus y la saturación del sistema sanitario en algunos puntos del país. Y es que hasta mediados del mes de marzo, cuando la COVID-19 ya podía llevar cerca de un mes presente en España, no se decretó el estado de alarma y se impusieron medidas de confinamiento. En ese momento las primeras fases del plan gripal estaban absolutamente desbordadas y eran inútiles, por lo que de un enfoque anticipatorio se pasaba a uno meramente reactivo, condicionado, además, por unos decisores políticos poco o nada acostumbrados a una gestión de crisis de semejante perfil.

Todo lo anterior era, simplemente, lo que anticipaban los Estados que podía venir de una forma más o menos vaga y general, ya que sus informes contemplaban otras muchas amenazas que, incluso en plena pandemia, hay que mantener vigiladas. Además, el lenguaje empleado en ellos era suave, una mesura que ciertos organismos especializados en salud pública no tendrían. Y es que desde distintas instituciones se venía alertando de forma profética que el mundo no estaba preparado para una pandemia.

Era precisamente lo que sostenía la Junta de Vigilancia Mundial de la Preparación, un grupo de trabajo bajo el paraguas de la OMS puesto en marcha tras el brote epidémico de ébola en África occidental para analizar el contexto sanitario mundial y las futuras pandemias que nos podíamos encontrar. El prólogo de su primer informe, titulado «Un mundo en peligro» y fechado en septiembre del 2019, no podía ser más agorero: «Nos enfrentamos a la amenaza muy real de una pandemia fulminante, sumamente mortífera, provocada por un patógeno respiratorio que podría matar de 50 a 80 millones de personas y liquidar casi el 5 % de la economía mundial [...]. El mundo no está preparado». La realidad, por suerte, se ha quedado muy corta respecto al pronóstico, ya que los fallecimientos están a una distancia abismal y la caída económica se ha apuntado que solamente será del 3 %. Con todo, el informe insistía en sus páginas una y otra vez que el mundo no estaba preparado para hacer frente a una pandemia, por este motivo los Gobiernos debían empezar a tomar medidas con celeridad en tanto que los brotes eran cada vez más frecuentes en el mundo.

Más contundentes fueron todavía las conclusiones del Global Health Security Index, una iniciativa desarrollada por la Nuclear Threat Initiative y el Johns Hopkins Center for Health Security con apoyo de la unidad de inteligencia de la revista *The Economist*. Este índice trató de cuantificar en octubre del 2019 cómo de bien o de mal estaban de preparados los distintos países del mundo de cara a afrontar una epidemia o pandemia; en qué aspectos se encontraban mejor y dónde estaba su talón de Aquiles. El resultado no pudo ser más demoledor: ningún país del mundo estaba preparado ante tal suceso. Incluso los mejor posicionados por sus enormes recursos técnicos, humanos o económicos, como Estados Unidos, suspendían de forma rotunda al tener enormes brechas en su capacidad anticipatoria; protocolos de seguridad inexistentes o, en el mejor de los casos, ineficientes; nula experiencia mediante simulacros o fallos graves en la recopilación y difusión de datos. Y al igual que la Junta de Vigilancia de la OMS, recomendaba encarecidamente que los Estados tomasen conciencia del peligro que suponían sus agujereados sistemas de respuesta y que desde Naciones Unidas se elaborasen activas campañas de concienciación en el 2021 para tapar estas vías de agua sanitarias. También llegaron tarde.

El Foro Económico Mundial (WEF, por sus siglas en inglés) también coincidía en que el mundo estaba infravalorando el potencial impacto de una pandemia, sobre todo porque el número de brotes epidémicos a lo largo del planeta cada vez era mayor y estos se sucedían de manera más frecuente. Mientras esto pasaba delante de nuestros ojos, la agenda de los grandes problemas mundiales estaba copada casi en exclusiva por el cambio climático, otra amenaza de primer nivel. El informe del WEF intentó alertar por la vía del bolsillo: si el coste económico del cambio climático cada año ascendía a casi 900.000 millones de dólares, el de una pandemia gripal suponía un impacto de 570.000 millones. Pero hoy sabemos que esa estimación se ha quedado muy corta, ya que la ONU estimó en marzo que el coste de esta pandemia oscilará entre el billón y los dos billones de dólares solo en el año 2020.

En consecuencia, podemos concluir que las alertas de que algo así podía ocurrir eran numerosas y estaban bien documentadas, lejos de un alarmismo innecesario o injustificado. Sin embargo, quienes tenían que decidir emprender políticas para paliar su futuro impacto hicieron oídos sordos; asimismo, estos avisos tampoco llegaron a la opinión pública. Sin que nadie se diese cuenta, los agujeros del queso se fueron alineando. Y ocurrió el accidente.

EL CORONAVIRUS NO VA A SUPONER EL FIN DE LA GLOBALIZACIÓN

En el Museo Nacional de Colombo (hoy Sri Lanka) se halla una losa de piedra de considerable tamaño con una triple inscripción en chino, persa y tamil. No hubo que datar su origen porque el propio elemento lo llevaba escrito: año 1409. No alcanzaba la relevancia de la piedra de Rosetta, esa que fue descubierta en 1799 en Egipto y que permitió comenzar a descifrar los jeroglíficos al haber justo debajo la traducción en griego antiguo, pero tenía cierta importancia. ¿Qué hacía aquella declaración religiosa esculpida con versiones en persa y chino, dos idiomas tan distantes, en una isla del Índico? El responsable de esto era un almirante llamado Zheng He.

Desde los primeros años de aquel siglo XV, este eunuco y explorador de toda confianza del emperador Yongle —el tercero de la dinastía china de los Ming—, estuvo navegando por buena parte del Sudeste Asiático, el océano Índico y, años más tarde de clavar su particular recordatorio en Ceilán, alcanzaría la costa oriental de África. Estas expediciones, además, no tenían nada que ver en cuanto a recursos con las que pocas décadas después empezarían a desarrollar los europeos: si los portugueses o los castellanos se lanzaron al mar con unos pocos barcos y reducidas tripulaciones, las flotas expedicionarias de

Zheng He contaban con decenas de barcos, incluyendo algunos de tamaño colosal para los estándares navales de la época, y miles de almas bajo su mando. Más que una expedición era una ciudad entera surcando las olas.

En aquel siglo China era la potencia indiscutible del planeta; un imperio gobernado de forma eficiente, una economía próspera, una potencia militar de primer nivel y un peso demográfico que no tenía ninguna otra entidad en el mundo. Esto llevó a adoptar una política abierta hacia el exterior. Los viajes del eunuco chino generaron Estados tributarios en muchos puntos del Índico (gobernantes locales que recibían protección de los Ming a cambio de un pago regular al emperador) y conectaron mercados muy distantes entre sí en una época en la que la Ruta de la Seda estaba próxima a su desaparición. Sin pretenderlo, el emperador Yongle y su almirante estaban propiciando el primer atisbo de globalización. Lamentablemente para ellos y para sus intenciones, la vida del emperador llegó a su fin en 1424 y la de Zheng He nueve años después, en 1433, mientras se encontraba en plena expedición. Y con ellos murió su política. Todavía no se conocen con precisión las causas que provocaron esto, aunque se asume que fueron varias, empezando por el enorme coste económico que tenían los viajes —sobre todo la construcción de los gigantescos navíos—, que la dinastía Ming comenzó a priorizar otros proyectos para los que necesitaba esos recursos, como la edificación de la Ciudad Prohibida de Pekín, que data de esa misma época, o nuevas invasiones de los mongoles, pasando por luchas políticas internas entre las facciones más aperturistas y aquellas que buscaban un repliegue interno acorde con los valores confucianos. Más allá de qué motivase realmente esa decisión, lo que sí sabemos es que las gigantescas flotas fueron abandonadas o destruidas y para cuando llegó el siglo XVI, China se había aislado del mundo. Había perdido la gran oportunidad de impulsar su globalización.

Al tiempo que ese repliegue se producía en el Imperio chino, al otro extremo del mundo, en Portugal, se daba el fenómeno contrario. Enrique de Portugal, también conocido como Enrique el Navegante, comenzó a patrocinar y promover las expediciones del reino ibérico por la costa occidental africana en un intento de no depender de las rutas terrestres que se internaban en el continente asiático. La toma de Constantinopla por los otomanos en 1453 hizo todavía más patente la necesidad de encontrar rutas comerciales alternativas hacia la India. Cristóbal Colón lo intentaría sin éxito en 1492 —a cambio de encontrar para Castilla un continente totalmente nuevo—. En 1498, el portugués Vasco da Gama conseguiría alcanzar la actual India bordeando el sur de África. Con el salto a la Edad Moderna había comenzado una globalización que sería imparable desde entonces. Pudo haber sido china, pero acabaron imponiéndola los europeos.

Hoy el coronavirus parece haber puesto fin a esa racha que ni las innumerables guerras que ha vivido el mundo desde entonces habían conseguido trastocar. El enorme impacto de la pandemia es un resultado directo del nivel de interrelación mundial que hemos alcanzado, sea en el comercio, los viajes o la información. Nuestro sistema, conectado como nunca antes en la historia, ha visto cómo un virus se introducía en él y lo llevaba a un punto de suspensión. Nadie sabe qué pasará cuando este se intente reactivar a los niveles previos a la crisis, cómo de dañado estará y si volverá siquiera a ser el mismo que teníamos antes. Al igual que en 1989, con el colapso soviético, se proclamó *el fin de la historia* —las democracias liberales habían ganado y el capitalismo conseguiría establecerse sin oposición—, en el 2020 se ha acudido rápido a proclamar *el fin de la globalización*. Más de cinco siglos de proceso sucumbiendo de manera súbita ante un virus. Pero esto parece algo atrevido, ya que procesos tan complejos no funcionan como un interruptor de dos posiciones. Así, y más allá de la conmoción causada por el momento, conviene apuntar un par de matices importantes a la proclama del fin globalizador: la primera es que este final es poco probable que ocurra; la segunda es que la globalización ya llevaba unos años tomando un nuevo rumbo. La pandemia, a lo sumo, acelerará ese viraje.

Cero. Esa es la cifra con la que el INE cuantificó el número de viajeros y pernoctaciones en España durante el mes de abril del 2020. En un país que llevaba años recibiendo decenas de millones de visitantes y que había hecho del sector un motor económico, una pandemia lo reducía a la nada absoluta. Sin llegar a niveles tan excesivos, ha pasado lo mismo con los viajes internacionales, el comercio, el precio de los hidrocarburos, las bolsas, el crecimiento económico y otra larga ristra de variables que en plena pandemia han caído a ritmos jamás vistos. Lo inédito es que se trata de un fenómeno simultáneo en prácticamente todo el planeta, un estado que ni siquiera las dos guerras mundiales habían provocado, algo que acrecienta la sensación de colapso generalizado.

La globalización, sin embargo, es un fenómeno de puntos interconectados. Que los productos que pedimos por Amazon lleguen a la puerta de nuestra casa en cuestión de días —la mayoría son fabricados fuera de nuestras fronteras— es fruto de la globalización, como también lo son las reuniones de líderes europeos buscando soluciones a la crisis, los intercambios de estudiantes o profesores, los viajes de negocios, consumir información de medios extranjeros gracias a internet, acceder a recursos científicos de forma *online*, poder ver competiciones deportivas celebradas fuera de nuestras fronteras y otro número casi infinito de ejemplos. En definitiva, que buena parte de nuestra vida se compone de elementos y conexiones que no están en nuestro propio país, y al igual que recibimos esos elementos del exterior, también nosotros los aportamos mediante nuestro trabajo, ocio o relaciones personales.

Este sistema, como mencionábamos, no se puede apagar o ponerle fin de un día para otro, ya que es tan descentralizado que muchas conexiones e integrantes del sistema (personas, empresas, Estados, instituciones, ONG, etc.) pueden seguir funcionando aunque haya enormes dificultades para ello. Lo que sí puede ocurrir es que, por sucesos fortuitos o políticas adoptadas deliberadamente, las conexiones comiencen a realizarse de otra manera siguiendo nuevas reglas, naciendo y desapareciendo. La desintegración de la Unión Soviética, por ejemplo, impulsó la globalización económica con la deslocalización de industrias hacia el Sudeste Asiático, al igual que la globalización cultural se vio tremendamente potenciada con el auge de internet. Con todo, no es sencillo desmantelar esa tupida red. Si alguna vez se alcanzase tal punto, probablemente no sería el mayor de nuestros problemas, ya que la causa más bien tendría que ver con que la raza humana está próxima a la extinción o se ha producido una involución tecnológica de tal nivel que nos ha llevado a retroceder varios siglos.

Las redes de la globalización, en este contexto, no han sido destruidas, simplemente han quedado en estado de hibernación, y como catástrofe global se puede decir que la COVID-19 ha sido un suceso benigno: las infraestructuras siguen intactas, no se han producido retrocesos demográficos pronunciados y, al menos de momento, no hay indicios de que el escenario pueda empeorar sustancialmente en el futuro. La gran incógnita es cómo se va a deshacer la madeja en el tiempo. Aunque hoy se estime que la crisis económica resultante de la pandemia va a durar dos o tres años, es tan impredecible saber qué sucesos concretos pueden moldear el mundo del 2020 al 2023 como lo fue a finales del año 2008 —a los pocos meses de quebrar Lehman Brothers— anticipar que en el 2016 Donald Trump estaría llamando a las puertas de la Casa Blanca.

Lo que sí va a ocurrir es que esta pandemia va a modificar el rumbo de la globalización. En tanto que es un proceso vivo, las agendas políticas o económicas del momento, así como las mejoras tecnológicas, marcan un rumbo u otro para las relaciones existentes. Como es evidente, una pandemia a nivel planetario que ha llevado a cientos de millones de habitantes a ser confinados en sus hogares y a que prácticamente todos los países del mundo entren en recesión en los próximos meses según las previsiones del Fondo Monetario Internacional, es un suceso lo suficientemente importante para que muchas de esas conexiones cambien de dirección o desaparezcan (pensemos, por ejemplo, en el aumento del desempleo o en las empresas que van a cerrar). En este sentido es probable que al impacto del coronavirus se le empiecen a atribuir algunos sucesos venideros y que parezcan corregir la marcha que llevaba la globalización. Sin embargo, esto sería quedarnos muy cortos en el diagnóstico.

Para el momento en el que, a finales del 2019, en la ciudad china de Wuhan comenzaba un brote epidémico de un virus desconocido, la globalización llevaba años pivotando en otra dirección. No es algo excesivamente complejo, ya que el desencadenante de este proceso era la crisis anterior, la del año 2008, que reventó los mercados financieros y se extendió a la economía real. Las crisis económicas resultantes hicieron aumentar el desempleo y la desigualdad, y amplios sectores sociales desafectos buscaron responsables de esta situación. Y los encontraron en las élites tradicionales, unas altas jerarquías políticas y económicas que eran acusadas de protegerse a sí mismas sin preocuparse por los problemas reales de la ciudadanía. Se había creado un binomio populista muy simple: *ellos* (corruptos, endogámicos, egoístas, incapaces) y *nosotros* (un pueblo virtuoso, trabajador, orgulloso). Se abría la veda para quienes quisiesen explotar esa brecha, que además era muy libre de ser interpretada. En el Reino Unido tomó forma como un pulso entre la Unión Europea y los británicos y que acabó resultando en el Brexit; en Francia, Alemania, España o Italia cristalizó en nuevas formaciones que venían a abrir las ventanas de la política para airearla, frente a los partidos tradicionales; en Estados Unidos, Donald Trump lo tradujo en una lucha entre quienes habían llevado el país a la decadencia (los partidos tradicionales, sus aliados en el mundo, los grandes medios de comunicación) y quienes querían *Hacer América grande de nuevo* (su lema de campaña), que por supuesto era él mismo y todo aquel que le acompañase en su cruzada. La globalización del último cuarto de siglo estaba en medio de todo ese fuego cruzado.

El proceso de globalización venía marcado, en líneas generales, por tres grandes tendencias: mayor facilidad de movimientos económicos (comerciales, financieros, de deslocalización, laborales, etc.), humanos (turismo, viajes o migraciones) y de información (cultura, noticias o conocimientos científicos), todo ello aderezado con una perspectiva multilateral de los Estados, es decir, que lo conveniente era que se pusiesen de acuerdo y jugaran todos bajo las mismas reglas antes que ir cada uno por su lado haciendo lo que le viniese en gana.

En tanto que a partir del año 2008 se puso en cuestión a las élites que habían promovido este tipo de sistema, también ocurrió lo mismo con la globalización. Así, la facilidad de movimientos económicos pronto se vio en entredicho por países como Estados Unidos, cuyo nuevo presidente trató de revertir a golpe de políticas proteccionistas y guerras comerciales. La justificación era sencilla: *ellos* (países o empresas que se habían visto beneficiados durante los años anteriores) se habían aprovechado de *nosotros* (los estadounidenses, en este caso); por tanto, bajo su perspectiva lo justo era resarcir esa injusticia con las políticas que Trump ha ido implementando durante su primer mandato, tales como retirarse de distintos acuerdos comerciales o presionar con aranceles o sanciones a los países que no se plegasen a su ardor proteccionista.

Asimismo, parte de los movimientos humanos se pusieron en tela de juicio: la inmigración ocupó un lugar relevante de la agenda política durante la crisis posterior al 2008, mezclándose en muchos casos las migraciones de tipo económico con aquellas originadas por conflictos armados o catástrofes varias, y que afectan a personas a las que protege el Derecho Internacional. Pero para muchos de quienes cuestionaban las normas anteriores, estos inmigrantes se convirtieron en una amenaza, y distintos partidos abrazaron sin remilgos el discurso xenófobo, donde se mostraban cómodos y del que sabían que existía una demanda popular. De nuevo entraba el binomio de *nosotros* y *ellos* en juego, una presión que condujo a fuertes políticas antiinmigración tanto en Europa como en Estados Unidos.

Los canales informativos, cada vez más rápidos en la transmisión, ganaron peso por la proliferación de redes sociales y el abaratamiento del acceso a internet. Sin embargo, al mismo tiempo que podían emplearse para recibir una mayor y más variada cantidad de información y compartir recursos culturales, educativos o de ocio, también era muy sencillo y barato usarlos para difundir todo tipo de desinformación: imágenes falsas, bulos y cualquier otro contenido que deformaba la realidad para ajustarse a determinados fines políticos o económicos.

Para rematar esta cuestión, el sistema multilateral que imperaba comenzó a ser parcialmente desguazado; muchos de los nuevos líderes y partidos surgidos al calor de los discursos populistas no querían saber nada de la cooperación entre Estados, y apostaban a que yendo por libre podían obtener más réditos, a costa incluso de que otro saliese perdiendo. Regresaba la *realpolitik*: yo gano, tú pierdes. El caso del Brexit y la salida de los británicos de la comunidad europea es uno de los ejemplos más evidentes, como también distintos pulsos entre Estados dentro de la Unión Europea o el desmarque estadounidense de diferentes acuerdos, desde el de París sobre el cambio climático hasta el nuclear con Irán, pasando por la retirada de fondos de varios organismos internacionales tales como la Agencia de Naciones Unidas para la población refugiada de Palestina en Oriente Próximo (UNRWA, por sus siglas en inglés) o la propia OMS, cuya aportación financiera la Casa Blanca ha suspendido en plena pandemia.

Y con este escenario irrumpió el coronavirus en nuestras vidas. Más allá de que la globalización parecía ir por otros derroteros en los años previos —o al menos por un camino más pedregoso al que estaba acostumbrado—, lo que sí parece es que la pandemia va a potenciar y a reforzar muchas de estas tendencias que veníamos viendo hasta ahora.

En el plano económico es previsible que haya reordenamientos en los procesos de deslocalización que se venían produciendo durante las últimas décadas. Muchos Estados, especialmente europeos, han tomado conciencia de que se llevaron demasiado lejos —geográficamente hablando— determinadas industrias que en una crisis de este tipo han resultado ser estratégicas. La consecuencia directa es que han dependido de largas cadenas internacionales que en muchos casos no han respondido como debían (con retrasos o con mala calidad de los productos). De igual manera, grandes multinacionales han tomado buena nota de lo arriesgado que es mantener toda la producción deslocalizada en un único país (en este caso, China), ya que las dependencias establecidas con ese lugar son enormes. De modo que es probable que veamos cómo corporaciones que hace treinta años trasladaron sus fábricas al gigante asiático por ser un país muy barato y con capacidad de producir a gran escala, trasladan parte de su producción a otros Estados de la zona como Vietnam, Filipinas, Malasia, Indonesia o la India para diversificar los riesgos. Pero en unos años donde las recesiones y el desempleo van a ser fuertes, así como los aumentos de la pobreza y la desigualdad, los incentivos para profundizar en las políticas proteccionistas ganan peso, ya sea con subidas arancelarias, gravando a las grandes multinacionales (especialmente las tecnológicas) o luchando contra la evasión fiscal.

De igual manera, y al menos hasta que se encuentre una vacuna efectiva para la COVID-19, muchos países van a afrontar una tesitura complicada: necesitan turistas para mantener su economía a flote, pero a la vez deben asegurarse de que estos estén sanos para evitar los contagios importados y arriesgarse a nuevos brotes. Cómo compatibilizar la seguridad de los visitantes con una buena experiencia turística y con la propia seguridad nacional va a ser uno de los grandes retos en muchos Gobiernos. También parece claro que las posiciones más extremistas y xenófobas del espectro político van a abrazar el discurso fácil y efectista del relacionar inmigración y enfermedad, beneficiándose de la gran sensibilidad social ante la amenaza de posibles pandemias que puedan surgir en otras zonas del planeta.

Todo ello, que no deja de ser un pulso (geo)político de enormes proporciones, estará aderezado por grandes dosis de desinformación. En tanto que la crisis sanitaria y económica derive en polarización política, la tendencia a diseminar información falsa para debilitar al adversario irá aumentando como una forma de deslegitimar su posición y reforzar los discursos populistas.

Paradójicamente, los sucesores y partidarios de Zheng He ya vivieron este escenario hace seiscientos años; tuvieron que combatir el proteccionismo, los recelos que existían con la exploración allende las fronteras y las luchas más descarnadas por el poder. El precio que pagó China por dejar de mirar al mundo fue perder una oportunidad histórica.

La COVID-19 no fue creada en un laboratorio

El 9 de diciembre del 2019, apenas unas semanas antes de que China alertara al mundo de que estaba sufriendo el brote de un virus desconocido, la OMS celebraba el cuarenta aniversario de la erradicación de la viruela, una enfermedad tremendamente contagiosa y con millones de víctimas a sus espaldas desde hace milenios. La conmemoración no era menor, ya que la viruela es la única enfermedad infecciosa que afecta al ser humano que ha podido ser erradicada en la historia (aunque haya otras como la tosferina, la varicela o el tétanos que vayan camino de ello gracias a las campañas de vacunación). Pero aquel suceso, datado oficialmente en 1980, se enmarcaba también en el contexto de la Guerra Fría, así que tanto Estados Unidos como la Unión Soviética decidieron guardarse una muestra del virus, temerosos de que el gran adversario pudiese utilizarlo como arma bacteriológica. Hoy esas muestras siguen tanto en el CDC de Atlanta como en un laboratorio ruso en mitad de Siberia, y hay opiniones de todos los gustos respecto a esta política: quienes están a favor argumentan que es conveniente mantener muestras a buen recaudo para poder reaccionar de forma rápida si en el futuro hubiese un rebrote inesperado; los opositores cuestionan esta prevención y apuntan a que al no destruir esas muestras nos arriesgamos a que en un accidente o un robo premeditado, el virus pueda escapar del control al que está sometido.

Esta última posibilidad, la de un accidente que libera involuntariamente un peligroso virus, ha sido un recurso constante en cine, series, videojuegos o literatura, con el que poder desarrollar posteriormente una trama pandémica. En círculos más heterodoxos también ha tenido predicamento, y muchos postulados conspiranoides tienen estrecha relación con virus y armas bacteriológicas que distintos poderes tratan de aprovechar en su beneficio. Con todo, la pandemia del coronavirus no ha podido escapar de esos marcos de referencia, a veces muy asentados a nivel popular. Estados Unidos, por ejemplo, acusó en numerosas ocasiones a China, durante los primeros meses de la pandemia, de ser responsable de que el virus escapase de uno de sus laboratorios. Incluso el propio país asiático, en un intento de complicar todavía más los argumentos, llegó a acusar a los estadounidenses de crear el virus, llevarlo hasta allí y soltarlo para poder culparles de la pandemia. Estas retorsiones argumentales, con algunas versiones absolutamente delirantes, han tenido difusión en tanto que todavía no se conoce con precisión el origen del virus y encajan muy bien con los sesgos conspiranoides que determinados grupos de personas tienen respecto a este tema. Bien es cierto que factores como que en la ciudad donde se detectó el primer brote se encuentre el Instituto de Virología de Wuhan, dependiente de la Academia China de las Ciencias, no han hecho sino potenciar esas teorías alternativas sin ninguna base científica y asentadas sobre casualidades y no causalidades.

Más allá del uso político que se le quiera dar al origen de la pandemia, que indudablemente existe y va a seguir existiendo, la comunidad científica coincide en que el origen del brote epidémico es, casi con toda seguridad, animal, y en que las teorías que apuntan a un fallo de seguridad o a una creación artificial del coronavirus no se sostienen. Tampoco las agencias de inteligencia:

aunque el presidente Trump haya afirmado en numerosas ocasiones que el virus procedía de un laboratorio, sus propios asesores han descartado esto. Richard Grenell, su director de Inteligencia Nacional, afirmó en un comunicado que existía un consenso entre las distintas agencias de inteligencia estadounidenses de que el virus no tenía manipulaciones genéticas o estaba creado por el ser humano. Otro tanto opina el doctor Anthony Fauci, nombrado responsable sanitario de la pandemia en Estados Unidos, quien afirmó en una entrevista para *National Geographic* que «si miras la evolución del virus en murciélagos, lo que hay ahora apunta de una forma muy muy fuerte a que este virus no ha podido ser manipulado artificial o deliberadamente».

Descartar este origen artificial no es algo coyuntural, sino que venía precedido por numerosas investigaciones desde hacía años que ya alertaban del origen animal (y, en concreto, proveniente de murciélagos) de un próximo coronavirus. Los precedentes reforzaban esta teoría: si el SARS (síndrome agudo respiratorio severo) y el MERS (síndrome respiratorio de Oriente Medio) provenían de murciélagos que se lo habían contagiado al ganado, el siguiente caso, en tanto que no se había puesto ninguna solución a las causas que motivaban estos brotes, tenía altas probabilidades de originarse por las mismas razones.

En el año 2007, cuatro investigadores del Departamento de Microbiología de la Universidad de Hong Kong señalaron, en un documento que estudiaba la recurrencia de episodios infecciosos de coronavirus, uno de los focos que hoy se cree más probable como origen del brote epidémico. En esta investigación concluían que «las evidencias por las que los murciélagos de herradura son el reservorio natural de virus similares al SARS-CoV y las civetas son el huésped por el que se amplifica, subrayan la importancia de los animales salvajes y la bioseguridad en granjas y mercados de comida al aire libre, que pueden servir como fuente y lugares de amplificación de nuevas infecciones». Una descripción que concuerda bastante con lo que hoy se apunta fue origen de la COVID-19: un mercado callejero en la ciudad de Wuhan carente de un estricto control sanitario. Y no estaban solos. En marzo del 2019, cuatro científicos del Instituto de Virología de Wuhan realizaron una recopilación de estudios sobre la relación entre murciélagos y coronavirus en China. Una de sus conclusiones fue clara: «Es bastante probable que futuros brotes de coronavirus parecidos al SARS o el MERS se originarán por murciélagos, y hay una creciente probabilidad de que esto suceda en China. Así, la investigación de coronavirus procedentes de murciélagos se ha convertido en un asunto urgente para la detección temprana, lo que minimizaría el impacto de esos futuros brotes en China». Ese futuro apenas duró unos meses.

Incluso la propia OMS, que suele ser bastante conservadora en sus anuncios, ya afirmó a principios del mes de mayo del 2020 que el origen del coronavirus era natural, y que al analizar la secuencia del genoma, este no mostraba ninguna modificación anormal, teniendo casi un 80 % de coincidencia con el SARS original (de ahí que su nombre también sea SARS-CoV-2). Sin embargo, descartar factores simplemente elimina explicaciones erróneas sin mostrar automáticamente la correcta. La OMS ha concluido que el coronavirus procede de un murciélago, pero admite que existe algún animal, hoy desconocido, que actuó de intermediario entre los mamíferos voladores y los humanos.

Y es que el mercado de Huanan, en la orilla occidental del Yangtsé y donde se estima que se produjo el brote inicial, era el ejemplo perfecto de un lugar muy sensible en materia de salud pública pero sin ningún tipo de seguridad o control para garantizarla. Por lo que sabemos, en este mercado —que fue clausurado a finales de diciembre por las autoridades chinas, al poco de detectarse el brote— se vendían decenas de especies de animales salvajes que eran expuestos, vivos y muertos, sin demasiadas medidas higiénicas. En este lugar podíamos encontrar desde el ganado más ortodoxo en la dieta occidental, como aves, cerdos o carne de vacuno, hasta puercoespines, zorros, civetas, ranas, serpientes o perros, entre otros especímenes. Muchos de ellos podían ser ese intermediario necesario para que cientos de millones de personas hayan acabado confinadas en sus hogares.

Aun así, el mayor obstáculo para conocer de manera fidedigna cómo se produjo este brote no es la falta de datos en sí misma, sino las trabas humanas, en concreto las que China parece estar poniendo. Hoy sabemos que el paciente uno —no el que se contagió en el mercado, sino el que fue contagiado por ese desconocido paciente cero— tenía coronavirus a mediados del mes de noviembre. Pekín tardó más de un mes en dar la alarma, cuando, previsiblemente, ya se habrían producido cientos o miles de contagios. También sabemos que los primeros médicos que avisaron de que el virus al que se enfrentaban no era como los demás fueron desoídos; alguno, incluso, fue víctima de la propia COVID-19. Esta laxitud en abordar el brote inicial por parte de las autoridades ha llevado a especular con que la cifra oficial de fallecimientos anunciada por China esté muy por debajo de la cifra real, aunque esto en ningún caso se ha podido confirmar. De igual manera, las peticiones internacionales para que se elabore una investigación independiente que esclarezca el origen y el alcance inicial de la pandemia se han encontrado con fuertes reticencias por parte del Gobierno chino, que incluso ha tomado represalias económicas contra países que han sugerido esta investigación, como Australia. Con todo, parece que en Pekín, temerosos de no poder controlar al milímetro la información que se elabora, son celosos en cuanto a permitir que organismos o personas que escapan a su control husmeen en cuestiones que les podrían comprometer. Hoy China, independientemente de ser el foco de la epidemia, mantiene una imagen internacional de éxito en el control del coronavirus dentro de sus fronteras. Una investigación independiente que revelase negligencias de las autoridades, destrucción de pruebas o manipulación de estadísticas voltearía completamente esa percepción, y el país quedaría marcado durante mucho tiempo como el gran responsable de la pandemia del año 2020. Como el mundo con la viruela, el gigante asiático no se puede permitir una fuga que lo ponga en riesgo.

LA COVID-19 NO ES LA PEOR EPIDEMIA DE LOS ÚLTIMOS TIEMPOS

Soldado de Nápoles,
que vas a la guerra,
mi voz recordándote
cantando te espera;
cariño del alma, ven,
que vas a probar
la dicha de amar
oyendo los sones
de mis canciones.

Así empezaba la canción *Soldado de Nápoles*, cuya aparición en la zarzuela *La canción del olvido* causó sensación en la España de la Primera Guerra Mundial. Aunque la obra fue estrenada en Valencia en 1916, coincidiendo en el tiempo con el final de la cruenta batalla de Verdún, no llegaría a Madrid hasta marzo del año 1918. Canturrear sus estrofas se volvió cada vez más frecuente en la capital, y es que el soldado de Nápoles era claramente la parte más popular de la obra, además de una canción tremendamente pegadiza. Por eso no fue extraño que acabase bautizando también a una enfermedad que en aquellos primeros meses de 1918 se estaba empezando a propagar masivamente en el país. A pesar de la sorna madrileña, esa enfermedad dejaría, de forma oficial, 186.000 muertes, aunque las estimaciones apuntan a que la cifra real se situaría entre los 200.000 y los 300.000 españoles caídos ante ese soldado napolitano, o lo que es lo mismo, entre un 1 y un 1,5 % de los habitantes del país. Lo que no sabían los españoles es que el mundo no conocería la enfermedad con el nombre que ellos le habían dado, sino con otro menos favorable a su imagen: la pandemia que acabó con la vida de entre veinte y cincuenta millones de personas en todo el planeta terminó conociéndose como «la gripe española», tal como contamos en el capítulo 4. Con todo, conviene aclarar que el nombre tampoco es incorrecto (por aquello de *la mal llamada* gripe española); como mucho fue injusto en tanto que no es riguroso históricamente; igual que nadie habla del *mal llamado* sombrero panamá (su origen es ecuatoriano), la *mal llamada* tortilla francesa (su origen no está claro, pero desde luego no es francés) o la *mal llamada* ensaladilla rusa (que no nació en Rusia). La historia a veces nos da nombres imprecisos.

Más allá de las imprecisiones nominales, la irrupción de la COVID-19 en medio planeta desde los primeros meses del año 2020 ha provocado que echemos la vista atrás en un intento de agarrarnos a precedentes que permitan darnos algo de certidumbre; el más obvio es la ya mencionada gripe de 1918, que hizo auténticos estragos en la población mundial al tiempo que terminaba la Gran Guerra. Sin embargo, existen precedentes más cercanos en el tiempo que, sin llegar a los extremos de la pandemia de principios de siglo, se han llevado muchas más vidas que este coronavirus, al menos de momento.

El primero lo encontramos en 1957, y, una vez más, en China. Allí, en Guizhou, al sudoeste del país, se estima que se produjo una mutación entre una cepa de virus animal y una humana, resultando en un nuevo tipo (H2N2) al que los humanos no estaban inmunizados. La época, aunque cercana en el tiempo, estaba lejos tecnológicamente, por lo que la dispersión del virus se produjo lentamente. Primero fueron las provincias chinas adyacentes; luego alcanzó Hong Kong, entonces colonia británica; más tarde saltó a otros puntos del Sudeste Asiático, como Taiwán o Singapur, y tardaría meses en alcanzar países europeos o Estados Unidos. Precisamente la situación desbordada que se produjo en territorios de la órbita occidental, como Hong Kong o Singapur, hizo saltar la alarma en las metrópolis, que comenzaron a trabajar en medidas de prevención y vacunación por si esta epidemia, bautizada como «gripe asiática», alcanzaba sus fronteras.

En aquellas fechas sí existía una conexión real con la gripe de 1918, ya que muchas personas que en el momento de la gripe asiática tenían cincuenta o sesenta años recordaban perfectamente el impacto que produjo la anterior pandemia en el planeta, y esta tenía todas las papeletas para ser la siguiente si no se controlaba de forma adecuada. Precisamente esta pandemia fue la primera monitorizada por la OMS, que había sido fundada apenas nueve años antes, en 1948.

En este momento entró en escena un científico poco conocido pero no por ello menos importante: Maurice Hilleman. Y es que este microbiólogo estadounidense sería categorizado en el obituario que le dedicó el *Washington Post* en el año 2005 como aquel científico «cuyas vacunas probablemente salvaron más vidas que cualquier otro científico en el siglo xx». La vacuna de la triple vírica —sarampión, paperas y rubéola—, entre otras, es cosa suya. Y a esta lista de logros también habrá que añadir la vacuna de la gripe asiática de 1957. La lentitud y la nula masificación de los transportes en la época permitieron a Hilleman conseguir una muestra del virus cuando este alcanzó Hong Kong, llevársela a Estados Unidos y allí desarrollar o avanzar lo más posible en un remedio para cuando esta gripe alcanzase el país. En tanto que era una variante de la gripe que ya existía, fue relativamente sencillo conseguir un remedio preventivo, y con distintas campañas de vacunación Estados Unidos logró estar preparada para cuando en el verano de 1957 la gripe llamó a su puerta. A pesar de todo, se estima que entre 65.000 y 116.000 estadounidenses fallecieron por esta gripe asiática (recordemos que en aquel momento el país apenas tenía la mitad de habitantes que hoy).

Puede decirse que Estados Unidos salió relativamente bien parado de aquello, ya que la expansión de la gripe asiática se produjo prácticamente a escala mundial, y los cálculos barajan que entre uno y dos millones de personas murieron a causa de este H2N2. Con todo, no sería el último arreón pandémico, ya que en apenas una década el mundo volvería a estar en el punto de partida.

En 1968 llegó el H3N2 o, como se le conoce popularmente, «la gripe de Hong Kong». En aquel territorio se registró, el 13 de julio, el primer caso conocido, aunque es probable que el virus no se originase allí, sino en la China continental, al igual que ocurrió con la pandemia de 1957 y la del 2019. Esta cepa llegó a contagiar a cerca de 500.000 habitantes de los algo más de tres millones que vivían en la colonia británica. El mayor impacto, sin embargo, se produjo fuera de allí. En poco tiempo se estaban detectando casos en países de buena parte del Sudeste Asiático, tales como Filipinas, Indonesia, Malasia o Vietnam. Precisamente en este último lugar, soldados estadounidenses que estaban allí luchando contra las guerrillas comunistas serían los responsables de acelerar la llegada del virus a su país al regresar a casa. Esta nueva cepa de gripe, por suerte, era menos agresiva que su antecesora de 1957, y estudios posteriores concluyeron que aquellas personas que padecieron la pandemia anterior estaban bastante mejor protegidas ante la de 1968, lo que frenó considerablemente la propagación del virus, que era tremendamente contagioso.

Quizá por la convulsa situación que se vivía en muchos países a finales de los años sesenta —las protestas de Mayo del 68 en Francia habían sido apenas unos meses antes— o por la menor percepción de riesgo que suponía esta pandemia en comparación con la de la década anterior, los Gobiernos apenas tomaron medidas, lo que tuvo un desenlace que hoy podemos intuir: más fallecimientos. En el Reino Unido se estima que fueron 80.000 personas las que murieron a causa de esta gripe hongkonesa, más del doble de las que en el mes de mayo de 2020 se han producido en el país por la COVID-19. A nivel mundial la cifra subió a un millón de fallecidos.

Esta pandemia tuvo, además, una particularidad, y es que se incorporó al ciclo estacional de la gripe, por lo que todavía hoy padecemos los ecos lejanos de ese H3N2 que surgió en algún lugar indeterminado de China.

Pero todavía quedaba siglo para que viejos enemigos resurgiesen. Así llegó la llamada «gripe rusa» de 1977 (también bautizada como «gripe roja» por aquello de la propaganda que requería la Guerra Fría), surgida en el país que le da nombre o, probablemente, en el nordeste de China. La particularidad de este brote pandémico es que era del tipo H1N1, o lo que es lo mismo, estaba emparentada con la gripe española de 1918, y esto condicionó enormemente tanto el perfil de personas contagiadas como la mortalidad. Si hasta la aparición de la gripe asiática en 1957 la *norma* eran gripes del tipo H1N1, desde ese momento fueron desplazadas por otros tipos (la asiática y la de Hong Kong, como hemos visto, eran diferentes). Así, quienes habían nacido antes de 1957 estaban en su mayoría inmunizados contra la gripe rusa, pero no los jóvenes que habían llegado al mundo en los años cincuenta y que en 1977 apenas contaban con un cuarto de siglo de vida. Con todo, aunque la gripe rusa alcanzó el nivel de pandemia mundial entre 1978 y 1979, su mortalidad no alteró especialmente los ciclos estacionales de la gripe a pesar de que se le asocian varios cientos de miles de fallecimientos.

La gran diferencia que hoy observamos con el SARS-Cov-2 es que, aunque guarda similitudes con la gripe, no es exactamente igual. En primer lugar, el coronavirus es mucho más contagioso a niveles que pueden duplicar o triplicar la capacidad de contagio que tienen los distintos subtipos de gripe; también posee una tasa de mortalidad superior, ya que por lo que se ha ido conociendo en los meses de pandemia, la COVID-19 no es solo un virus que ataca al sistema respiratorio, sino que también intenta golpear en otros sistemas del cuerpo humano, como el circulatorio; y, sobre todo, es un virus desconocido, lo que ralentiza no solo una correcta toma de decisiones para paliar sus efectos, sino también una vacuna que sirva para detener los contagios. La ventaja, eso sí, es que las enfermedades ya no llevan nombres de zarzuela.

Bibliografía

Agencia de los Derechos Fundamentales de la Unión Europea, «Violencia de género contra las mujeres: una encuesta a escala de la UE», Luxemburgo, 2014; disponible en: <https://fra.europa.eu/sites/default/files/fra-2014-vaw-survey-at-a-glance-oct14_es.pdf>.

AKPAN, Nsikan, y JAGGARD, Victoria, «Fauci: No Scientific Evidence the Coronavirus Was Made in a Chinese Lab», *National Geographic*, 2020; disponible en: <https://www.nationalgeographic.com/science/2020/05/anthony-fauci-no-scientific-evidence-the-coronavirus-was-made-in-a-chinese-lab-cvd/?>.

ALLEN-EBRAHIMIAN, Bethany, «U.S. Statements on Coronavirus Origins Diverge from Allies», *Axios*, 2020; disponible en: <https://www.axios.com/wuhan-lab-coronavirus-origins-pompeo-e6aadf9f-e981-464a-ade7-4a90c61c33fa.html>.

AMIGUET, Lluís, «Las razas humanas no existen», entrevista a Guido Barbujani, *La Vanguardia*, 2013; disponible en: <https://www.lavanguardia.com/lacontra/20131108/54393185503/las-razas-humanas-no-existen.html>.

Ansede, Manuel, «El análisis genético sugiere que el coronavirus ya circulaba por España a mediados de febrero», *El País*, 2020; disponible en: <https://elpais.com/ciencia/2020-04-22/el-analisis-genetico-sugiere-que-el-coronavirus-ya-circulaba-por-espana-a-mediados-de-febrero.html>.

Arancón, Fernando, «¿Sueñan los androides con quitarnos el trabajo?», *El Orden Mundial*, 2018; disponible en: <https://elordenmundial.com/suenan-los-androides-con-quitarnos-el-trabajo/>.

—, «De Maduro a la incertidumbre: ¿hacia dónde camina Venezuela?», *El Orden Mundial*, 2017; disponible en: <https://elordenmundial.com/de-maduro-a-la-incertidumbre-hacia-donde-camina-venezuela/>.

Arranz, Adolfo; Robes, Pablo; Duhalde, Marcelo, *et al.*, «Coronavirus: The Disease COVID-19 Explained», *South China Morning Post*, 2020; disponible en: <https://multimedia.scmp.com/infographics/news/china/article/3047038/wuhan-virus/index.html>.

Arrizabalaga, Ángela, «La gripe de 1918: surgimiento y propagación», Efe Salud, 2018; disponible en: <https://www.efesalud.com/gripe-1918-como-afecto-espana-mundo/>.

Bartolomé, Marcos, «El problema del suicidio en Groenlandia», *El Orden Mundial*, 2016; disponible en: <https://elordenmundial.com/suicidio-del-artico/>.

Benavente, Rocío, «¿Deforestación? España (y toda Europa) es ahora más verde que hace un siglo», *El Confidencial*, 2017; disponible en: <https://www.elconfidencial.com/tecnologia/2016-11-08/espana-es-ahora-mas-verde-que-hace-un-siglo_1286089/>.

Centro de Investigaciones Sociológicas (CIS), «Barómetro de julio 2018. Estudio n.° 3219», Gobierno de España, 2018; disponible en: <http://datos.cis.es/pdf/Es3219mar_A.pdf>.

CHENG, Vincent; LAU, Susanna; WOO, Patrick, *et al.*, «Severe Acute Respiratory Syndrome Coronavirus as an Agent of Emerging and Reemerging Infection», *Clinical Microbiology Reviews*, 2007; disponible en: <https://www.ncbi.nlm.nih.gov/pmc/articles/PMC2176051/>.

COCKBURN, Charles; Delon, P. J., y Ferreira, W., «Origin and Progress of the 1968-69 Hong Kong Influenza Epidemic», Organización Mundial de la Salud, 1969; disponible en: <https://apps.who.int/iris/bitstream/handle/10665/262531/PMC2427756.pdf?sequence=1&isAllowed=y>.

Comisión Europea, «Special Eurobarometer 469», Unión Europea, 2018; disponible en: <https://ec.europa.eu/commfrontoffice/publicopinion/index.cfm/Survey/getSurveyDetail/instruments/SPECIAL/surveyKy/2169>.

—, «Just Over 56 000 Persons in the EU committed suicide», 2018; disponible en: <https://ec.europa.eu/eurostat/web/products-eurostat-news/-/DDN-20180716-1>.

Consejo de Seguridad Nacional, «The National Security Strategy of the United States of America», White House Archives, 2006; disponible en: <https://history.defense.gov/Portals/70/Documents/nss/nss2006.pdf?ver=2014-06-25-121325-543>.

—, «The National Security Strategy of the United States of America», White House Archives, 2017; disponible en: <https://www.whitehouse.gov/wp-content/uploads/2017/12/NSS-Final-12-18-2017-0905.pdf>.

CUENCA, Arsenio, «El terrorismo de extrema derecha ya es una amenaza global», *El Orden Mundial*, 2019; disponible en: <https://elordenmundial.com/el-terrorismo-de-extrema-derecha-ya-es-una-amenaza-global/>.

D'ANCONA, Matthew, *Posverdad: La nueva guerra en torno a la verdad y cómo combatirla*, Alianza Editorial, Madrid, 2019.

DÍEZ DE VELASCO, Manuel, *Instituciones de derecho internacional público*, Tecnos, Madrid, 2013.

Domínguez, Airy, «A la sombra de Dáesh, Al Qaeda se ha vuelto más poderosa que nunca», *El Orden Mundial*, 2020; disponible en: <https://elordenmundial.com/daesh-al-qaeda-se-ha-vuelto-mas-poderosa-que-nunca/>.

Fan, Yi; Zhao, Kai; Shi, Zheng-Li, *et al.*, «Bat Coronaviruses in China», *Viruses*, 2019; disponible en: <https://www.ncbi.nlm.nih.gov/pmc/articles/PMC6466186/#B19-viruses-11-00210>.

Fondo de las Naciones Unidas para la Infancia (Unicef), «Unicef's Data Work on FGM/C», 2016; disponible en: <https://www.unicef.org/media/files/FGMC_2016_brochure_final_UNICEF_SPREAD.pdf>.

Foro Económico Global, «Global Risks 2007», World Economic Forum, 2007; disponible en: <http://www3.weforum.org/docs/WEF_Global_Risks_Report_2007.pdf>.

—, «Outbreak Readiness and Business Impact: Protecting Lives and Livelihoods across the Global Economy», World Economic Forum, 2019; disponible en: <http://www3.weforum.org/docs/WEF%20HGHI_Outbreak_Readiness_Business_Impact.pdf>.

—, «3 Charts that Helped Change Coronavirus Policy in the UK and US», World Economic Forum, 2020; disponible en: <https://www.weforum.org/agenda/2020/03/3-charts-that-changed-coronavirus-policy-in-the-uk-and-us/>.

Gobierno de España, «Estrategia de Seguridad Nacional 2017», Presidencia del Gobierno, 2017; disponible en: <https://www.dsn.gob.es/sites/dsn/files/Estrategia_de_Seguridad_Nacional_ESN%20Final.pdf>.

—, «Plan nacional de preparación y respuesta ante una pandemia de gripe», Ministerio de Sanidad y Consumo, 2005; disponible en: <https://www.mscbs.gob.es/eu/ciudadanos/enfLesiones/enfTransmisibles/docs/PlanGripeEspanol.pdf>.

Gobierno del Reino Unido, «National Security Strategy and Strategic Defence and Security Review 2015», Her Majesty's Stationery Office, 2015; disponible en: <https://assets.publishing.service.gov.uk/government/uploads/system/uploads/attachment_data/file/555607/2015_Strategic_Defence_and_Security_Review.pdf>.

—, «UK Biological Security Strategy», The Home Office, 2018; disponible en: <https://assets.publishing.service.gov.uk/government/uploads/system/uploads/attachment_data/file/730213/2018_UK_Biological_Security_Strategy.pdf>.

GOODMAN, Ryan, y SCHULKIN, Danielle, «Timeline of the Coronavirus Pandemic and U.S. Response», *Just Security*, 2020; disponible en: <https://www.justsecurity.org/69650/timeline-of-the-coronavirus-pandemic-and-u-s-response/>.

GÓMEZ, Javier, «Hágase el dinero: cómo funciona el sistema monetario», *El Orden Mundial*, 2019; disponible en: <https://elordenmundial.com/hagase-el-dinero-como-funciona-el-sistema-monetario/>.

GUNDERMAN, Richard, «Diez mitos que aún creemos sobre la "gripe española" de 1918», *El País*, 2018; disponible en: <https://elpais.com/elpais/2018/01/16/ciencia/1516096077_476907.html>.

INGRAHAM, Christopher, «Still Think America Is the 'Land of Opportunity'? Look at This Chart», *The Washington Post*, 2016; disponible en: <https://www.washingtonpost.com/news/wonk/wp/2016/02/22/still-think-america-is-the-land-of-opportunity-look-at-this-chart/>.

Instituto Nacional de Estadística, «Estadística de migraciones», Gobierno de España, 2020; disponible en: <https://www.ine.es/dynt3/inebase/index.htm?padre=3678&capsel=3694>.

Junta de Vigilancia Mundial de la Preparación, «Un mundo en peligro: informe anual sobre preparación mundial para las emergencias sanitarias», Organización Mundial de la Salud, 2019; disponible en: <https://apps.who.int/gpmb/assets/annual_report/GPMB_Annual_Report_Spanish.pdf>.

KILBOURNE, Edwin, «Influenza Pandemics of the 20th Century», Centers for Disease Control and Prevention, 2006; disponible en: <https://wwwnc.cdc.gov/eid/article/12/1/05-1254_article>.

KINZER, Stephen, *Todos los hombres del sha*, Debate, Barcelona, 2005.

KNOTT, Kylie, «How Hong Kong Flu Struck without Warning 50 Years Ago, and Claimed over a Million Lives Worldwide», *South China Morning Post*, 2018; disponible en: <https://www.scmp.com/lifestyle/health-wellness/article/2154925/how-hong-kong-flu-struck-without-warning-50-years-ago-and>.

LIPKA, Michael, *Muslims and Islam: Key Findings in the U.S. and Around the World*, Pew Research Center, 2017; disponible en: <https://www.pewresearch.org/fact-tank/2017/08/09/muslims-and-islam-key-findings-in-the-u-s-and-around-the-world/>.

LIPTON, Eric; SANGER, David; HABERMAN, Maggie, *et al.*, «He Could Have Seen What Was Coming: Behind Trump's Failure on the Virus», *The New York Times*, 2020; disponible en: <https://www.nytimes.com/2020/04/11/us/politics/coronavirus-trump-response.html>.

LÓPEZ, Vicente, «Historia de un desasosiego imperial: España y la II Guerra Mundial», *El Orden Mundial*, 2014; disponible en: <https://elordenmundial.com/espana-y-la-segunda-guerra-mundial/>.

LUCÍA, Inés, «Crónicas de Nollywood», *El Orden Mundial*, 2016; disponible en: <https://elordenmundial.com/cronicas-de-nollywood/>.

Maldita.es, «¿Existen realmente las "huelgas a la japonesa" o son una leyenda urbana?», *Maldito Bulo*, 2018; disponible en: <https://maldita.es/malditobulo/existen-realmente-las-huelgas-a-la-japonesa-o-son-una-leyenda-urbana/>.

MARKSON, Sharri, «Coronavirus NSW: Dossier Lays Out Case against China Bat Virus Program», *The Daily Telegraph*, 2020; disponible en: <https://www.dailytelegraph.com.au/coronavirus/bombshell-dossier-lays-out-case-against-chinese-bat-virus-program/news-story/55add857058731c9c71c0e96ad17da60?utm>.

MARTÍNEZ, Luis, «La lucha por el cobalto, clave en el futuro del transporte», *El Orden Mundial*, 2019; disponible en: <https://elordenmundial.com/lucha-cobalto-futuro-transporte/>.

—, «El *boom* de los coches eléctricos en China», El Orden Mundial, 2019; disponible en: <https://elordenmundial.com/boom-coches-electricos-china/>.

MERCANDALLI, Sara, y LOSCH, Bruno, «Rural Africa in Motion: Dynamics and Drivers of Migration South of the Sahara», Organización de las Naciones Unidas para la Alimentación y la Agricultura, Roma, 2017; disponible en: <http://www.fao.org/3/I7951EN/i7951en.pdf>

MIGALI, S., NATALE, F., TINTORI, G., *et al.*, «International Migration Drivers», Oficina de Publicaciones de la Unión Europea, Luxemburgo, 2018; disponible en: <https://publications.jrc.ec.europa.eu/repository/bitstream/JRC112622/imd_report_final_online.pdf>.

MIGUEL, Esther, «El mito del pánico que causó *La Guerra de los Mundos* y las *fake news* de los años 30», *Magnet*, 2018; disponible en: <https://magnet.xataka.com/preguntas-no-tan-frecuentes/el-mito-del-panico-que-causo-la-guerra-de-los-mundos-y-las-fake-news-de-los-anos-30>.

Ministerio del Interior, «Inmigración Irregular: Balance 2016», Gobierno de España, 2016; disponible en: <http://www.

interior.gob.es/documents/10180/5791067/bal_inmi-
gracion_irregular_2016.pdf/8a040aaf-a1b6-4493-9191-
cf386fd31dd4>.

—, «Inmigración irregular: informe quincenal», Gobierno de
España, 2018; disponible en: <http://www.interior.gob.
es/documents/10180/9654434/24_informe_quincenal_
acumulado_01-01_al_31-12-2018.pdf/d1621a2a-0684-
4aae-a9c5-a086e969480f>.

—, «Inmigración irregular 2019», Gobierno de España, 2019;
disponible en: <http://www.interior.gob.es/documents/
10180/11261647/informe_quincenal_acumulado_01-01_
al_31-12-2019.pdf/97f0020d-9230-48b0-83a6-
07b2062b424f>.

Moreno, Andrea, «Volunturismo: voluntariado y selfies», *El
Orden Mundial*, 2017; disponible en: <https://elorden-
mundial.com/volunturismo-voluntariado-y-selfies/>.

—, «En nombre del Señor», *El Orden Mundial*, 2018; disponible en: <https://elordenmundial.com/en-nombre-del-
senor/>.

Moreno, Blas, «La poligamia en el mundo araboislámico», *El
Orden Mundial*, 2017; disponible en: <https://elorden-
mundial.com/la-poligamia-mundo-arabo-islamico/>.

Naciones Unidas, «This Is How Much the Coronavirus Will
Cost the World's Economy, According to the UN», World
Economic Forum, 2020; disponible en: <https://www.we-
forum.org/agenda/2020/03/coronavirus-covid-19-cost-
economy-2020-un-trade-economics-pandemic/>.

Natarajan, Swaminathan, «Quién es Ashin Wirathu, el monje
budista cuyo discurso radical comparan con el de Bin La-
den», *BBC Mundo*, 2019; disponible en: <https://www.
bbc.com/mundo/noticias-internacional-48595033>.

Nuclear Threat Initiative, «Inaugural Global Health Security
Index Finds No Country Is Prepared for Epidemics or Pan-

demics», Nuclear Threat Initiative, 2019; disponible en: <https://www.nti.org/newsroom/news/inaugural-global-health-security-index-finds-no-country-prepared-epidemics-or-pandemics/>.

Organización de las Naciones Unidas (ONU), «Asuntos que nos importan: población», 2019; disponible en: <https://www.un.org/es/sections/issues-depth/population/index.html>.

—, «International Migration Report 2017: Highlights», Departamento de Asuntos Económicos y Sociales, División de población, 2017; disponible en: <https://www.un.org/en/development/desa/population/migration/publications/migrationreport/docs/MigrationReport2017_Highlights.pdf>.

—, «Asuntos que nos importan: alimentación», 2019; disponible en: <https://www.un.org/es/sections/issues-depth/food/index.html>.

—, «¿Podemos alimentar al mundo entero y garantizar que nadie pase hambre?», 2019; disponible en: <https://news.un.org/es/story/2019/10/1463701>.

Organización para la Cooperación y el Desarrollo Económico (OCDE), «Income inequality», 2019; disponible en: <https://data.oecd.org/inequality/income-inequality.htm#indicator-chart>.

—, «Hours Worked», 2019; disponible en: <https://data.oecd.org/emp/hours-worked.htm>.

Organización Mundial de la Salud (OMS), «Mutilación genital femenina», 2018; disponible en: <https://www.who.int/es/news-room/fact-sheets/detail/female-genital-mutilation>.

—, «Preventing Suicide: A Resource for Media Professionals», Ginebra, 2008; disponible en: <https://www.who.int/mental_health/prevention/suicide/resource_media.pdf>.

Oxfam, «Just 8 Men Own Same Wealth as Half the World», 201;, disponible en: <https://www.oxfam.org/en/press-releases/just-8-men-own-same-wealth-half-world>.

Pancevski, Bojan, «Forgotten Pandemic Offers Contrast to Today's Coronavirus Lockdowns», *The Wall Street Journal*, 2020; disponible en: <https://www.wsj.com/articles/forgotten-pandemic-offers-contrast-to-todays-coronavirus-lockdowns-11587720625>.

Peirano, Marta, *El enemigo conoce el sistema*, Debate, Barcelona, 2019.

Pereira, Juan Carlos, *La política exterior de España 1800-2010*, Ariel, Barcelona, 2010.

—, *Historia de las Relaciones Internacionales contemporáneas*, Ariel, Barcelona, 2009.

Pérez, Juan Ignacio, «La explicación científica de por qué no existen razas humanas», *ABC*, 2019; disponible en: <https://www.abc.es/ciencia/abci-explicacion-cientifica-no-existen-razas-humanas-201905231227_noticia.html>.

Ponce, Antonio, «La semilla del Estado Islámico en Irak: crisis económica, social y política», *El Orden Mundial*, 2014; disponible en: <https://elordenmundial.com/la-semilla-del-estado-islamico-en-irak/>.

Portero, Astrid, «Las violaciones en Suecia y la trampa de los datos comparados», *El Orden Mundial*, 2018; disponible en: <https://elordenmundial.com/violaciones-en-suecia/>.

Ritchie, Hannah; Roser, Max, y Ortiz-Ospina, Esteban, «Suicide», *Our World in Data*, 2020; disponible en: <https://ourworldindata.org/suicide>.

Rogan, Eugene, *Los árabes. Del Imperio otomano a la actualidad*, Crítica, Barcelona, 2018.

Roser, Max, y Ortiz-Ospina, Esteban, «Global Extreme Poverty», *Our World In Data*, 2020; disponible en: <https://ourworldindata.org/extreme-poverty>.

—, y RITCHIE, Hannah, «Homicides», *Our World in Data*, 2020; disponible en: <https://ourworldindata.org/homicides>.

SMITH, Adam, *La mano invisible*, Taurus, Barcelona, 2012.

SMITH, Noah, «America, Land of Equal Opportunity? Still Not There», *Bloomberg Opinion*, 2018, disponible en: <https://www.bloomberg.com/opinion/articles/2018-04-03/u-s-doesn-t-deliver-on-promise-of-equal-opportunity-for-all>.

SOLER, David, «El proyecto de una unión económica y monetaria en África», *El Orden Mundial*, 2019; disponible en: <https://elordenmundial.com/union-economica-monetaria-africa/>.

STIGLITZ, Joseph, «America Is No Longer a Land of Opportunity», *Financial Times*, 2012; disponible en: <https://www.ft.com/content/56c7e518-bc8f-11e1-a111-00144feabdc0>.

The Economist, «Has Covid-19 Killed Globalisation?», *The Economist*, 2020; disponible en: <https://www.economist.com/leaders/2020/05/14/has-covid-19-killed-globalisation>.

The Guardian, «European Stereotypes: What Do We Think of Each Other and Are We Right?», 2012; disponible en: <https://www.theguardian.com/world/interactive/2012/jan/26/european-stereotypes-europa>.

United States Census Bureau, «Current Population Survey Annual Social and Economic Supplement», Departamento de Comercio de Estados Unidos, 2019; disponible en: <https://catalog.data.gov/dataset/current-population-survey-annual-social-and-economic-supplement>.

VALERIO, María, «Los europeos empezaron a beber leche hace 7.500 años en los Balcanes», *El Mundo*, 2009; disponible en: <https://www.elmundo.es/elmundosalud/2009/08/27/nutricion/1251389091.html>.

World Inequality Lab, *World Inequality Report 2018*, École D'Économie de Paris, 2017; disponible en: <https://

wir2018.wid.world/files/download/wir2018-full-report-english.pdf>.

Wu, Jin; Cai, Weiyi; Watkins, Derek, *et al.*, «How the Virus Got Out», *The New York Times*, 2020; disponible en: <https://www.nytimes.com/interactive/2020/03/22/world/coronavirus-spread.html>.

Xie, Echo; Cai, Jane, y Rui, Guo, «Why Wild Animals Are a Key Ingredient in China's Coronavirus Outbreak», *South China Morning Post*, 2020; disponible en: <https://www.scmp.com/news/china/society/article/3047238/why-wild-animals-are-key-ingredient-chinas-coronavirus-outbreak?src=wuhang>.

Zeldovich, Lina, «How America Brought the 1957 Influenza Pandemic to a Halt», *Jstor*, 2020; disponible en: <https://daily.jstor.org/how-america-brought-the-1957-influenza-pandemic-to-a-halt/>.

booket

planetadelibros.com.mx